21世纪土木建筑科技和
管理创新系列丛书

桩伴侣（变刚度桩）

对直接基础与间接基础的优化作用

薛江炜 ◆ 著

Pile Partner (Variable Rigidity Pile) Optimized
Research On Direct And Indirect Foundations

知识产权出版社
全国百佳图书出版单位

内容提要

桩伴侣是中国发明专利"桩头的箍与带箍的桩"的俗称，专业学术名称为"变刚度桩"。本书探索了桩伴侣的作用机理和承载性状，对该技术进行了初步研究。桩伴侣将复合地基、复合桩基等不同形式的基础整合为"广义复合桩基"，伴侣对桩头的应力分担和改变桩土共同工作的方式有助于基桩的安全和经济上的节约。在岩土工程基础理论方面，本书还推导了等效偏心法证实地基承载力并不唯一。本书可供从事岩土工程、结构工程、道桥工程的技术人员参考，也可以作为土木类研究生教学参考书。

责任编辑： 段红梅　祝元志　　　　　　**责任校对：** 韩秀天

封面设计： 刘　伟　　　　　　　　　　**责任出版：** 卢运霞

图书在版编目（CIP）数据

桩伴侣（变刚度桩）对直接基础与间接基础的优化作用／薛江炜著. —北京：知识产权出版社，2014.1

ISBN 978 – 7 – 5130 – 2311 – 5

Ⅰ. ①桩…　Ⅱ. ①薛…　Ⅲ. ①复合桩基 – 研究　Ⅳ. ①TU473.1

中国版本图书馆 CIP 数据核字（2013）第 230806 号

桩伴侣（变刚度桩）对直接基础与间接基础的优化作用

薛江炜　著

出版发行	知识产权出版社		
社　　址：北京市海淀区马甸南村 1 号		邮　　编：100088	
网　　址：http：//www. ipph. cn		邮　　箱：bjb@ cnipr. com	
发行电话：010 – 82000860 转 8101/8102		传　　真：010 – 82005070/82000893	
责编电话：010 – 82000860 转 8513		责编邮箱：13381270293@ 163. com	
印　　刷：北京中献拓方科技发展有限公司		经　　销：新华书店、网上书店及相关销售网点	
开　　本：787mm×1092mm　1/16		印　　张：15.5	
版　　次：2014 年 1 月第一版		印　　次：2014 年 1 月第一次印刷	
字　　数：253 千字		定　　价：68.00 元	
ISBN 978 – 7 – 5130 – 2311 – 5			

前　　言

桩伴侣是中国发明专利"桩头的箍与带箍的桩"（200710160966.1）的俗称：桩头侧面上下一定高度范围设置一闭合环形箍，箍的内径大于桩头的外径，箍与桩是分开的，桩与桩头的箍通过桩间土和垫层的传力来协同工作，组合成带箍的桩。因其具有对桩竖向支承刚度简单灵活调整的特性，故称其专业学术名称为"变刚度桩"。为了深入了解桩伴侣的作用机理和承载性状，本书对该技术进行了初步研究。本书主要的研究成果、创新和结论包括以下几方面。

（1）桩伴侣的发明路径和发明目的在于人为地将桩土共同受力体的某些环节削弱或增强，改变桩土共同工作的方式，使承载和沉降性状向预定的方向发展，实现工程上可以接受的较大总体沉降与较小差异沉降和较小工后沉降，从而极大地促进岩土工程的技术进步和经济上的巨大节约。

（2）认为以相对的深和浅来划分基础类型不尽合理，提出用"直接基础"和"间接基础"的表述来划分基础类型，直接基础可简单定义为能够直接将荷载传递到上层天然地基的基础；间接基础也可定义为穿过上部持力层将荷载传递到下部持力层并间接影响上层天然地基的基础，这样一种分类方法同时包含了地基与地基两方面的因素，更客观地反映地基与基础之间相互依存、相互影响、相互作用的关系。

（3）"用沉降量换承载力"的等价说法或具体解释是地基承载的良性循环，即"上部荷载增大→压实地基土→地基土性质改善→可以承担更大的荷载→进一步压实地基土→地基土性质更加改善→……"；思考或质疑了现有地基承载力研究绝对对称体系假设的合理性、很长的滑移线是否具有工程意义、滑移线形式是否可能因"弹性核"破裂而改变、作用于滑移线上的附加应力对抵抗剪切滑动的贡献能否被忽略等问题；

探讨了设置桩伴侣对直接基础破坏形式的影响。

（4）选择适宜的滑移线可以将地基承载力问题转化为倾覆问题来研究。有桩伴侣的地基基础非常符合较小刚体位移的"圆弧滑动和向下冲剪"假设，滑移线是以基础底板宽度为直径的一个半圆，圆心位于基础底板的中心，基于莫尔库伦强度理论，以符拉蒙的附加应力解答推导出考虑附加应力和土自重的滑移线上土剪力对基底中心抵抗力矩的解析解，将所有的倾覆力矩归结为等效偏心，得到了评价地基承载力的等效偏心法；与通常的地基承载力的计算方法不同，等效偏心法不仅考虑土体性质、基础宽度、埋深等因素，同时考虑了上部结构的等效偏心来综合评价地基承载力，不同的等效偏心对应不同的地基承载力值，等效偏心越小则承载力越大。经初步对比，不考虑地震等水平荷载形成的等效偏心因素，在静力荷载下太沙基公式的极限承载力所对应的相对等效偏心 ΔFB 在 0.154 左右，而承载力标准值所对应的相对等效偏心 ΔFB 在 0.188 左右。以等效偏心法分析了桩伴侣"止沉"与"止转"的计算思路，中桩对于"止转"力矩的贡献很小，基桩设置应当重点加强边桩、角桩。

（5）论述了间接基础的缺点；进行了复合桩基优化设计对间接基础改进的局限分析；提出个别安全系数的概念解释和质疑常规变刚度调平"内强外弱"的结果，指出当只有基础底板沉降均匀这唯一的一个控制参数时，间接基础调平只能调整桩下部支承刚度的单一手段是产生变刚度调平优化设计调平的结果不符合常理的重要原因；桩伴侣具有调整桩上部支承刚度的能力，可均匀布桩，甚至局部加强边桩、角桩，增大抵抗整体倾覆的能力，适当调整桩顶与基础底板的距离，即边桩、角桩预留沉降大一些，中桩预留沉降小一些就可以实现变刚度调平。

（6）比较分析了桩伴侣的类似技术；指出应用刚性桩复合地基时，应当注意地下室井坑破坏隔震、褥垫层模量影响隔震，此外，常规采用褥垫层的刚性桩复合地基还存在承载力"被平均"、基础既不经济又不安全、"流动补偿"导致垫层流失等缺点。

（7）按照有限元收敛准则判断桩伴侣的极限承载力有不同程度的提高，但有限元模拟和现场实测证明伴侣对于按照传统方法判定承载力的无显著影响，桩伴侣承载力的提高依赖于沉降量的增大和土塑性的充分发挥，需要打破土原有的本构关系并建立新的体系，有限元软件本质上难以模拟出现"拐点"的"止沉"曲线，最好的方法还是试验；研究了刚柔桩复合地基静载荷试验时设置伴侣对桩土应力比的影响，设置伴侣后桩顶应力大幅度减小，伴侣附近桩间土的应力大幅度提高，证实伴侣较好地起到了替桩头分担荷载作用，伴侣的作用可解释为由于桩顶向上刺入垫层发生剪胀增大了垫层的内摩擦角，也可以理解为由于伴侣的约束作用增大了桩顶上方垫层土柱受到的被动土压力。

（8）提出整合复合地基和复合桩基的桩伴侣的承载力计算公式并以位移调节装置试验的数据进行了验证，建议复合地基技术规范修改为："仅采用褥垫层技术的刚性桩复合地基中的混凝土桩应采用摩擦型桩，如果有可靠措施能够保证桩土相继同步共同工作时，桩顶与基础底板之间的土或垫层不会发生整体剪切破坏或其他滑移型的破坏，则刚性桩复合地基中的混凝土桩应采用端承效果好的桩型，桩端尽量落在好土层上"；推导了桩伴侣的整体承载力安全系数，只要下部持力层稳定安全系数总能保证大于等于2；建议对于不同的抗震设防等级的建筑，采用不同的安全系数，用适度的不均匀沉降作为检验建筑工程实体质量的外部荷载，衡量建筑工程的施工和设计质量水平；桩伴侣具有"止沉"的沉降特性，沉降主要是上部地基土的压缩，提出以影响深度小的直接原位压板试验作为沉降量计算和桩伴侣设计的方法，以及"整体倾斜"极限状态作为变刚度调平"概念设计"的实用方法；应用桩伴侣对某处理基桩缺陷事故案例合理方案进行优化。

（9）建议将承台与土之间的摩擦力小或地基土约束力差的低承台桩基称为"非典型高承台桩基"，将其从"典型的低承台桩基"中细分出来；不改变直接基础的属性，有限元数值模拟桩伴侣的改进证实：伴侣是承台向地基土传递水平荷载的可靠媒介，即使承台与土之间摩擦力小，也可大幅度减小基桩的应力和位移，对于桩身范围地基土模量低的"非典型高承台桩基"的水平承载性状也有一定的改善；低承台桩基的水平承载性状本质上取决于桩间土抵抗水平荷载的能力；当桩顶与基础底板预留沉降空间，将传统的桩基础由间接基础改造为直接基础后，数值模拟表明桩与承台脱离开更加促进了伴侣作用的发挥，水平荷载作用下桩身应力大幅度降低；伴侣自身受到的内力较大，且较为复杂；提出罕遇地震时伴侣可作为耗能构件、首先牺牲伴侣的基桩抗震的概念设计方法。

　　岩土工程是土木工程的重要部分,是一项传统而又现代的工程技术,本人作为桩伴侣的发明者,对相关技术的开发应用进行了较为深入的研究,目前该技术还在不断提升之中,希望能与广大专家学者及读者交流。

目 录

第一章 绪 论

1.1 概述

1964 年 12 月 13 日，毛泽东[1]在周恩来第三届人大会报告的草稿上加了一段话："人类的历史，就是一个不断地从必然王国向自由王国发展的历史。这个历史永远不会完结……在生产斗争和科学实验范围内，人类总是不断发展的，自然界也总是不断发展的，永远不会停止在一个水平上。因此，人类总得不断地总结经验，有所发现，有所发明，有所创造，有所前进……"这段关于辩证法的论述讲客观事物是发展的、变化的，永远不会停止；讲必然与自由的对立统一，正确与错误的对立统一；讲得精彩动人，时隔近半个世纪后读来仍觉自然、清新、时尚。

自人类由恩格斯[2]所称的"攀树的猿群"，通过劳动逐步走下树杈，经历了从狩猎到农业、从洞穴到房屋的漫长过程。房屋是一种创造物，一种新的事物，一种独立于洞穴观念的庇护所[3]。房屋总是从自然形式中找到灵感。这些形式的建构来源于土地上的各种原料，如泥土和芦苇。房屋的造型或来自洞穴的"圆"，或来自树木的"直"。源于人类的"巢居"生活的"干阑式建筑"其形成过程和典型的外貌的追溯历史如图 1−1[4]所示，从广义上讲，地基处理技术的"基桩"与"建筑"同步诞生。

木屋采用高架，主要是为了临空避水防潮，但其采用柱桩合一的"高承台桩基"，显然需要昂贵的代价才能满足其竖向和水平"承载力"的要求，于是人类在建筑工程地基处理领域进行了第一次"扬弃"，放弃了"树桩"、"木桩"，将直立行走的双脚和房屋（基础）直接踏在坚

1

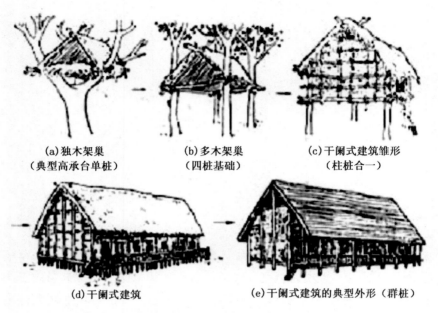

(a)独木架巢　　　　　(b)多木架巢　　　　　(c)干阑式建筑雏形
（典型高承台单桩）　　（四桩基础）　　　　　（柱桩合一）

(d)干阑式建筑　　　　　　(e)干阑式建筑的典型外形（群桩）

图 1 – 1[4]　"干阑式建筑"及其"基桩"的形成过程

实的大地上。

　　万丈高楼平地起！人类的建筑实践活动不可能从天而降，而是根植于我们赖以生存的大地，数千年来，浅基础和天然地基是房屋建筑地基基础形式的主流，只是在特殊的情况下才选择桩基础，例如桥梁。1953年，四川成都青杠坡出土了一些汉代墓砖，年代约在公元前 200 年至公元 200 年间，其上所刻画的木桥显示每排桥墩备有木桩 4 根，桩顶设有木梁构成排架，桥上辀车骏马奔驰而过，栩栩如生。它是我国用木桩造桥的最早佐证之一，是岩土工程史上难得的珍品（图 1 – 2[4]）。

　　随着建筑材料、建造技术的发展，建筑高度和基底附加应力的增大，浅基础和天然地基逐渐无法满足承载力或沉降的要求，人类开始了深基础或人工地基的探索。上海嘉定法华塔位于上海市嘉定区嘉定镇，始建于元代至大年间，为七层四方砖木结构楼阁式塔，塔高 40.83m。在对法华塔进行修缮的过程中，经清理和测绘，发现法华塔塔心室地面呈正方形，地表以下为三层青砖，厚约 33cm，砖间用糯米浆白灰泥勾缝。青砖以下为四层毛石条基础，相邻两层石条相互垂直，石条规格多为长 0.9m、宽 0.2m、厚 0.25m，石条基础以下的地基采用满堂木桩加固，木桩长 1.5m 左右，直径 9~12cm。在满堂木桩的中间又用石条砌筑一长方形地宫，上盖石板（图 1-3[5]）。

图 1-2[4]　汉代墓砖画上的木桩造桥

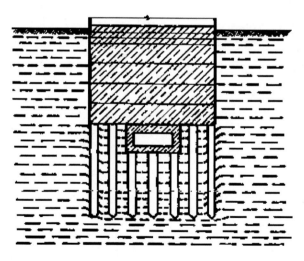

图 1-3[5]　上海嘉定法华塔地基处理示意图

在水泥和现代基桩施工技术发明以前，尽管基桩的使用经历了漫长的历史时代，但能利用的桩型只是由天然材料做成的桩体，如木桩和石桩，长度有限，竖向荷载下的变形模量或支承刚度也与天然地基处于基本相当的数量级，这样，人类在建筑工程地基处理领域进行了第二次

"扬弃"，并且无意间自然地实现了桩土的"共同作用"（即复合桩基）。

现代意义上基桩的应用和发展与工业革命相伴：一方面，工业技术为地基工程提供了强大的生产手段；另一方面，包括基桩在内的建筑业服务于现代工业和社会发展的要求。作为土木工程师，我们不仅能看到地上耸立了多少宏伟的建筑，我们还能感知地下的岩土和基桩不事张扬地默默承受。新中国成立以来，随着我国社会主义建设事业的飞速发展，作为地基处理的各种柔性桩、半刚性桩、刚性桩复合地基和桩基础已逐渐成为工程建设中常规的基础形式。尤其是近年来超高层和重工业厂房等建筑物、构筑物的兴建，更加促进了刚性桩日新月异的发展，强度更高，体量更粗、更长，形成多种工艺、多种桩型、多种构造。在竖向增强体的发展过程中，世界各国的岩土工程师们进行了和进行着无数次大大小小的"扬弃"。

"扬弃"就是"否定之否定"，前提是继承，目的是发展，特征是标新立异，本质是反传统。笔者申报并获得授权的中国发明专利"桩头的箍与带箍的桩"，就是在综合了桩基础、褥垫层复合地基、桩帽、大直径薄壁筒桩、预留净空、位移调节等众多现有技术基础上的一个"杂交"体，其命名也颇有创意。

（1）直观上可称为"套箍桩"，只是桩周围有"箍"并无新意，也不会获得发明专利授权。

（2）"箍"与竖向增强体之间分开，使得两者之间在水平与竖向的受力和变形既相互独立又相互影响，特别是当调整竖向增强体的顶部与基础底板（承台）之间的距离或垫层的模量时，其整体竖向支承刚度也可相应地发生较大改变，因此，"带箍的桩"专业的学术名称不妨称为"变刚度桩"，或"变刚度调平桩（变刚度的根本目的是调平底板沉降均匀）"。

（3）竖向增强体的顶部与基础底板（承台）之间预留净空或设置低于模量较低的垫层后，虽然降低了其初始支承刚度，但随着净空减小或垫层压实，竖向增强体的后期支承刚度逐渐恢复或增大刚度降低的阀值，具有柔中带刚或刚中带柔的工程特性（褥垫层复合地基也具有区别于桩基础的类似的特性），因此，取中国古代著名女性将领的名字，称为"木兰桩"、"桂英桩"也很生动形象。

（4）刚性竖向增强体竖向承载能力虽然很强，但作为细长的杆件，

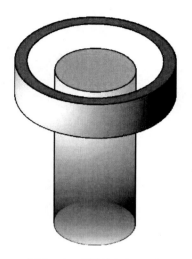

图1-4 "桩伴侣"示意

其水平承载能力却很弱，特别是桩头通常是基桩最薄弱的部位需要额外增强，工程实践中也有局部增大桩头尺寸、局部加强桩身上部配筋或者对空心桩顶局部填充等做法和规定，但都是依附于竖向增强体上并不独立，而同样是增强，"箍"与竖向增强体之间却是分开的，另外，类似于结构专业无梁楼盖的柱帽，"箍"还具有增强基础底板（承台）刚度的作用，再考虑到"箍"不仅仅分担竖向增强体的水平荷载也间接影响其竖向承载等多种因素，因此，笔者更倾向于称其为桩伴侣（Pile Partner），或者是伴侣桩（Partner & Pile）、侣伴桩（Pile with Partner）这样一个貌似与工程不搭界，甚至带有点文艺和浪漫情愫的名称，在此，摘录借用著名诗人舒婷的代表作《致橡树》的诗句却可以解释、阐述和理解桩伴侣名称的合理性。

> 我如果爱你——
> 绝不像攀缘的凌霄花，
> 借你的高枝炫耀自己……
> 我必须是你近旁的一株木棉，
> 作为树的形象和你站在一起……
> 你有你的铜枝铁干……
> 我有我的红硕花朵……
> 我们分担……

> 我们共享……
> 仿佛永远分离，
> 却又终身相依。
> ……

幸运的是，生逢鼓励创新、提倡"偏执"的时代，桩伴侣不仅是岩土论坛、QQ 群等网络平台近年的热门词汇，而且，桩伴侣及其初步理论在业内也得到了一定程度的认可和支持鼓励。感谢建设部 2008 奥运工程及全国重大基础工程创新技术成果应用交流会、第三届全国岩土与工程学术大会、2012 年全国吹填土地基处理学术研讨会、2012 土木工程与交通运输国际学术会议（ICCET 2nd）等主办方所给予笔者专题报告介绍桩伴侣的机会，同时，随着一些文章的发表，桩伴侣已成为工程索引 EI 检索的正式条目[309~312]。

实践是检验真理的唯一标准，笔者多年来一直没有放弃向业主、设计单位和施工单位尽力争取桩伴侣在工程中应用的机会，然而，虽然业界专家学者基本认可桩伴侣在理论上或多或少的"正能量"，但由于建筑工程的单件性、投资巨大等特性，以及设计严格遵守"规范"不逾矩，传统上对于沉降和承载力的认识以及对于基桩承受地震等水平荷载的忽视，甚至还有近年国内房地产业投资火爆"不差钱"等原因，桩伴侣目前仍无工程应用，桩伴侣的研究"很差钱"。

因为没有工程实例，本书的写作框架和行文特征难免与常规的工学论著有所不同，于是，在研究深度上的欠缺以增大广度加以弥补，在数学工具应用难度上的欠缺以基础理论的突破加以弥补，在具体工程计算上的欠缺以一般的理论假设和推导加以弥补，这样本书的研究也就天然地存在着假设有余而求证不足、创新有余而数据不足的缺陷。

本书始终遵循着揭示问题——解决问题的最基本的研究路线，事实上，桩伴侣技术主要就是针对目前桩基础或褥垫层复合地基这两种常规的基桩构造形式所各自存在缺陷而提出的改进，但广大学者和工程技术人员对褥垫层复合地基已研究应用数十年，桩基础甚至应用数十万年，相关研究已非常精细、精准、精致，而本书的研究对象桩伴侣还仅仅是一个新生儿，作为多种既有技术的"杂交"体，桩伴侣的"DNA"结构（即构造形式）显然更加复杂，初期的研究以笔者匹夫之力不可能达到目前基桩计算和理论推导的深度和难度，而且在岩土工程的研究中也更应当注重基本概念的把握和经验数据的修正，因此，本书的研究方法首先应将复杂问题简单化，抓住主要矛盾和矛盾的主要方面，影响或变革业内长期形成的惯性思维和路径依赖，同时为后续研究和工程应用抛砖引玉。

感谢并期待您的理解、支持或参与，欢迎具有实质性内容的意见和建议。谢谢！

1.2 桩伴侣的"发明路径"

专利的发明有运气和灵感的因素，往往不合常理，但也遵循一定的客观规律。本节概要回顾桩伴侣发明过程中的"所见所闻"——"路径"，印证桩伴侣"怎么来？为啥来？来干啥？"的历史逻辑。本节的部分内容参考了笔者的硕士论文《刚性桩的头、身、脚——地基处理领域专利创新方法的研究和实践》的研究成果[7]。

1.2.1 "桩前时代"

所谓"桩前时代"，有时代的特征，反映了工业文明的程度相对较低的"生态"状况，但也并不特指一定的时代，更重要的是代表了一种岩土工程研究和应用的"时尚"或设计人员的"心态"，是对"天然"（地基）的"向往"、"敬畏"和"崇拜"，"桩前时代"有两位杰出代表：一位是浮基础，又可称为浮力基础或补偿基础；另一位是各种薄壁空间结构式基础，它们在本质上都是强调对天然地基最大限度地利用，对桩伴侣发明和研究有很大的启发。

（1）如果是淤泥土，浮基础的概念很好理解：将一个重量很大的建筑物部分地沉入地下，整个建筑物就象浮在水中的船那样会浮在淤泥上面，但由于浮力概念是专指基础低于地下水位时所引起的静水浮托力，浮基础或浮力基础的表述并不准确，而且对于其他较为坚硬的地基也无法解释。为此，墨西哥工程师 Zeevaert（泽法尔特）称它为补偿性基础，意思是指建筑物的重量被移去的土重所平衡，它从本质上包含了更为广阔的概念，补偿性基础就是在建筑物设计中使建筑的重量约等于建筑位置移去的总土重（包括水重）的基础。显而易见，设置了利用地下空间（非实心）的地下室的箱形和筏形基础（包括桩—箱和桩—

筏基础）都可按照补偿基础原理进行设计[10]。20 世纪 60 年代，日本利用补偿性基础原理在大阪湾深厚软淤土上成功建成几幢 30 层高楼，采用 5 层地下室的卸土几乎补偿了上部结构的绝大部分荷载（韩选江[11]对此有专门研究）。

由此引发思考：通常高层建筑会设置地下室，根据地下室埋深与上部结构的荷载的对比关系基础处于一定比例的补偿状态。若要达到完全补偿，可能会因深基坑施工难度较大而不经济，设置竖向增强体（打桩）技术的进步以及施工时可不必进行基坑开挖的优点从而成为高层、超高层建筑地基基础的优选。在由一定比例（部分）补偿的天然地基基础向设置基桩的人工地基基础的转化过程中，能否平稳地过渡？如何最大限度地利用原有天然地基的补偿性？

另外，由于补偿状态不同，高层建筑主楼与裙房之间的沉降差异如何协调？特别是当设置竖向增强体满足承载要求后，一方面需要被动地对主楼与裙房各自的沉降进行精确计算[12]，另一方面，能否人为主动地控制施工和使用各阶段的沉降从而避免主楼与裙房之间的后浇带？

（2）薄壁空间结构式基础是指各类地基与基础的接触面为折曲面的基础形式，包括锥壳式基础、条形长折板基础及折板式浮筏基础等，能和新填土（素填土、杂填土）、软土（淤泥及淤泥填）等软弱地基很好地共同工作，空间作用使基础下的受力地基产生三向受力状态，同时又使基础与地基接触面上产生与基础转动方向相反的摩擦力及摩擦弯矩，根据薄壁结构式的基础受力后产生弹性变形的特性可以将其设计成弹簧垫式的结构直接放在柱子与地基之间，吸收一部分地基传来的地震能转化为基础的变形能，而将剩下的一部分地震能再传到上部结构，这样就减少了上部结构的震害[13]。

梅国雄、周峰、黄广龙、宰金珉[14]研究了补偿基础出现较大沉降的现象，认为这可能与目前普遍采用的施工方法有关。基坑开挖过程对于基坑底面来说相当于一个卸载过程，在卸荷作用下，在基底以下一定范围内将产生拉应力（或回弹应力），基坑将发生回弹变形，坑底土也随即发生隆起，理论研究和实测结果均显示坑底土体的隆起量并不均匀，而是呈倒扣的"锅底形"，基坑中间的土体隆起量大，四周的隆起量小。为了方便施工和保持坑底土的平整，基坑底隆起的土体通常情况下均被挖去。在这种情况下基坑底土进入再压缩阶段时，基坑底面实际上已经变为下凹面，坑底已经由原来的均匀土体变成了中间蓬松四周较密实的不均匀土体，土体的性能有了较大的削弱。在施工时仍然保持基底土回弹部分不被超挖很难实施，但可应用一种用于水闸的形似"锅底"的反拱底板来增大基底中部的压缩量，而且利用了以承受正压力为主的拱结构性质，不仅自身受力合理而且可以显著改善地基土的受力性状，使基底承载力更为均匀。

思考：设置竖向增强体后，基础的"空间结构"采用什么形式能够有利于竖向增强体与原有的天然地基更好地共同工作？

1.2.2 改变桩身的横断面

桩是一种竖向增强体，其普遍特征是细长，创新的思路可以考虑改变桩身的横断面以及由此综合改变桩身与土的接触状态等，其中以改变桩身的横断面以薄壁筒桩[15,16]（图1-5[7]）和劲芯复合桩[17~19]（图1-6[7]）这两项专利技术为代表，其基本思路都在于用廉价的材料来取代较为昂贵的桩的刚性部分，不同之处在于——替换的位置。薄壁筒桩与劲芯桩分别替换了桩的外侧与桩的中心，增大了桩身的侧摩阻力，都是为了能够使桩身附近更多的土体能够参与到桩的受力上来。

思考：薄壁筒桩是外刚内柔，劲芯桩正好相反，是外柔内刚，如果将二者相结合又会产生什么"超级杂交"品种呢？桩伴侣在某种程度上就可以理解为一种薄壁筒桩与劲芯桩的组合。

1.2.3 狭义改变桩身的纵断面

桩是深入土层的柱型构件，其作用是将上部结构的荷载传到深部土（岩）层中。工程实际中，以主要承受竖向荷载的桩基为多。为了提高桩的承载力，人们大都围绕着提高桩侧摩阻力和桩底端承力这两个方面来研究。

摩擦力是指：当两接触构件间存在正压力时，阻止两构件进行相对运动的切向阻力。基桩的侧摩阻力本质上属于摩擦力的范畴，在正常使用中属于接近于静摩擦的微小的滑动摩擦，到达极限状态后属于典型的滑动摩擦，例如施工中正在压入土层的静压桩。物理学上摩擦力的计算的通式即为：$F = \mu N$，F是摩擦力，μ是摩擦系数，N为法向力。按照这一通式，摩阻力应当随深度而逐渐增大，但实测的情况却各不相同，

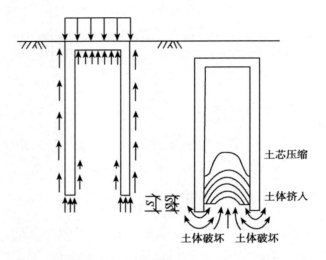

图 1 – 5[7]　薄壁筒桩受力及其破坏模式

图 1 – 6[7]　劲芯水泥土复合桩

摩擦桩的典型分布是"抛物线"形态，而对于端承的嵌岩桩甚至有相反的趋势，但在接近桩端处又开始增大，表现为桩侧摩阻力的强化和退化现象，可以归结为桩土界面特性[20~22]和端阻与侧阻的相互影响[23~25]两方面的原因。改变桩身的纵断面（图 1 – 7）是改善桩土界面特性最直接的方法，相当于增大了桩土间的摩擦系数，从而提高桩侧摩阻力。

倒锥或变径的方式加强了桩头和桩的上部，而桩的上部是地基土对桩缺乏约束的部位，也是受到地震等水平荷载更倾向于发生破坏的部位，同时，这种形式也能利用桩身范围土的"端阻"。

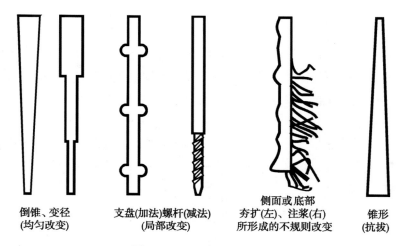

倒锥、变径 支盘(加法)螺杆(减法) 侧面或底部 锥形
(均匀改变) (局部改变) 夯扩(左)、注浆(右) (抗拔)
所形成的不规则改变

图 1 – 7[7] 改变桩身的纵断面的常见形式

支盘[26~29]和螺杆桩[30~32]分别在对桩身做加法和减法,从创新的角度看,做减法的思路更巧妙,螺杆桩的施工采用挤密土工艺,混凝土用量比长螺旋工艺减小 20%,而承载力却可提高 50% 左右,当然,每种施工方法均有其适用性。

夯扩[33~38]或注浆[39~43]兼有改变桩身和桩端纵断面的作用,只是这种改变不规则,各个单桩承载力特性的离散性较大,从概率的角度来研究,可能需要提高安全系数,才能保证足够的可靠度。

桩土交界面上经常发生的破坏形式是土的剪切破坏[44],锥形的改变显然对竖向承载力有害无益,但对于抗拔反而比较适用。

1.2.4 在桩脚(桩的底端)上做扩大头

如前文所述,侧阻与端阻是一对矛盾,有时甚至存在此消彼长的相互影响:端阻的充分发挥,可能会限制侧阻的发挥,例如较短的桩端落在基岩上的端承桩,侧阻可以忽略;侧阻的充分发挥,又会大幅度削弱端阻的影响,例如超长摩擦桩,桩身内力逐渐减小,桩端阻力几乎为零。另外,对于常见的端承摩擦桩,单桩受荷过程中桩端阻力的发挥不仅滞后于桩侧阻力,而且其充分发挥所需的桩底位移值比桩侧摩阻力达到极限所需的桩身截面位移值大得多。根据小型桩试验所得的桩底极限位移值,对砂类土约为 $d/12 \sim d/10$,对黏性土约为 $d/10 \sim d/4$(d 为桩径)。因此,对工作状态下的单桩,其桩端阻力的安全储备一般大于桩侧摩阻力的安全储备。严格地讲，改变桩端或桩头也是改变桩纵断面的方法，这两种方法可以同时使用，但有时可能也不宜同时使用。

相对而言，提高桩底端承力可能更为有效经济，因此出现了各种扩大头桩，根据所使用的工艺和材料不同，名称也各不相同，例如夯扩挤密桩、扩底灌注桩、套管夯扩灌注桩（又称夯压成型灌注桩、夯扩桩，参见《建筑施工手册》第四版缩印本第 435～436 页）（图 1-8）、夯实水泥土桩、复合载体夯扩桩（图 1-9）等改良桩型。本书建议根据扩底对下卧层的影响程度，将其分为普通扩底和强夯扩底两大类。

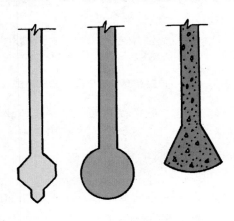

图 1-8　扩底灌注桩

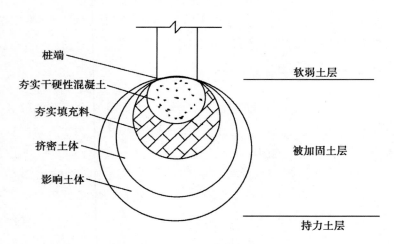

桩端
夯实干硬性混凝土
夯实填充料
挤密土体
影响土体

软弱土层
被加固土层
持力土层

图 1-9[7]　复合载体夯扩桩

普通扩底是在基本不改变原地基土特性的情况下，将桩端承压面积扩大，承载力提高的幅度取决于天然土的性质。"桩端落在好土层"可以说几乎是所有岩土工程师和地基设计人员解决工程问题最基本的原则，承载力高的持力层深度往往决定了桩长的选择，而好的持力层却是"可遇而不可求"。除了好的持力层，下卧层也很关键。例如对于复合地基来说，复合地基加固区的存在使地基中附加应力影响范围下移，深层地基土中附加应力增大，所以进一步减小复合地基沉降量的关键是减小下卧层部分的沉降，也就是说提高下卧层部分的承载力和密实度[45]。

强夯扩底桩则需要对持力层土壤的性质进行人工改良，属于再造持力层。夯扩的基本原理是提高天然土的密实。压实是一种古老的提高场地地基承载力、减小沉降的方法，是提高基础材料强度和稳定性的一种廉价而有效的方法。试验表明：砂的压实度在 100% 以上时每增加 1%，弹性模量增加 24.5MPa；石灰土的压实度从 95% 增加到 100% 时，其抗压强度从 0.7MPa 增加到 1.1MPa，约增加 60%。图 1-10 清楚地表明了压实对材料模量提高的贡献。

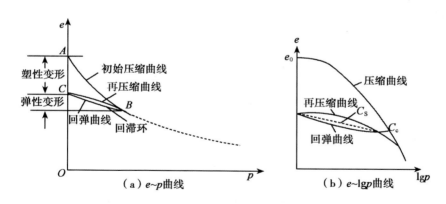

图 1-10 土的回弹曲线和再压缩曲线

现代压实技术所采用的压实方法可以归纳为以下四种：静力压实、搓揉压实、振动压实、夯实和冲击压实。从压实的部位说，各种仅对地表土的大面积压实方法（例如真空预压法、降水预压法、堆载预压法以及各种换土垫层法）削弱了压实的效能，而且会形成一个密实的上部硬壳层，而其下则为未经压实的土体。通过提高夯实能，即使是强夯或强夯置换，影响区域也仅为 10m 左右，而且震动和噪声使其应用受到限制。各种深层密实法（有些属于柔性－半刚性复合地基），例如振冲碎石桩、干振碎石桩、振动沉管砂石桩、石灰砂桩、灰土桩、二灰桩、石灰桩、土桩、灰渣桩等均是利用振动、冲击、沉管、爆扩等方式成孔，灌入相应掺料再进行夯实、挤密，均在一定程度上解决了深层压实的问题，提高了地基承载力，但由于施工机械和施工工艺的局限，压实土体的范围和深度有限，而且仍存在一定的施工噪声和震动。

强夯扩底也可称为柱锤冲扩桩法、孔内强夯法[46~49]，是将强夯或强夯置换的区域直接向下延伸到桩端持力层，利用单个脉冲的巨大动能在很短时间内转化为冲量，形成瞬时作用的巨大冲击力，在土壤中产生很大剪切应力和法向应力，从而有效地克服黏性土壤的内聚力，压缩土体并排出土中的空气和水分。由于冲击压力波较振动压力波能传至更深的层面，所以，冲击压实能获得最大的压实深度。

笔者曾经提出过一个静压置换的施工工艺（图1－11），与强夯对应，也称为"静夯"，但要取得类似强夯高能量冲击的效果，需要希望借助静力压桩机的大吨位压力并增大压管的长度，施工效率和经济性上可能不占优势。地基处理技术在很大程度上受到施工机具和施工技术的促进或制约，岩土工程的发展是与机械、电子等生产第一部类生产资料的产业同步进行的。

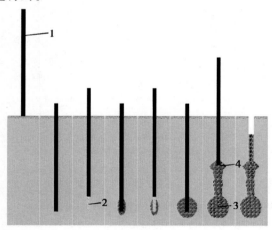

图1－11[7]　静压置换（静夯）的施工工艺

进一步地思考：上部结构本身就是一个有很大配载的超级"静压机"，能否利用上部结构的荷载对地基土进行压实呢？

1.2.5 广义改变桩身

通常伴有长度、材料和刚度的变化的多桩型的组合可以理解为广义的桩纵断面的改变[50~53]（图1-12）。多桩型目前通常用于复合地基。由两种或两种以上桩型组成的复合地基称为多桩型复合地基。比如，对可液化地基，为消除地基液化，可采用振动沉管碎石桩或振冲碎石桩方案。但当建筑物荷载较大而要求加固后的复合地基承载力较高，单一碎石桩复合地基方案不能满足设计要求的承载力时，可采用碎石桩和刚性桩（如CFG桩）组合的多桩型复合地基方案。这种多桩型复合地基既能消除地基液化，又可以得到很高的复合地基承载力。多桩型承载力计算的基本思路为：由天然地基和桩型1复合形成复合地基，视为一种新的等效天然地基，其承载力特征值为f_{spk1}；将等效天然地基和桩型2再复合形成复合地基，求得复合地基承载力即两种桩型复合地基承载力f_{spk2}；依次类推。

基础下天然地基土的承载力特征值为f_{ak}，桩型1的断面面积为A_{p1}，平均面积置换率为m_1，单桩承载力特征值为R_{a1}。则桩型1和天然地基形成的复合地基承载力特征值为

$$f_{\mathrm{spk1}} = m_1 \frac{R_{a1}}{A_{p1}} + \alpha_1 \beta_1 (1 - m_1) f_{ak} \qquad (1-1)$$

式中　α_1——桩间土承载力提高系数，对非挤土成桩工艺，$\alpha_1 = 1$；

　　　β_1——桩间土承载力发挥系数，一般$\beta_1 \leqslant 1$。

基础下桩型2的断面面积为A_{p2}，平均面积置换率为m_2，单桩承载力特征值为R_{a2}。桩型2与承载力特征值为f_{spk1}的等效天然地基复合后的承载力即为两种桩型复合地基承载力，即

$$f_{\mathrm{spk2}} = m_2 \frac{R_{a2}}{A_{p2}} + \alpha_2 \beta_2 (1 - m_2) f_{\mathrm{spk1}}$$

$$= m_2 \frac{R_{a2}}{A_{p2}} + \alpha_2 \beta_2 m_1 (1 - m_2) \frac{R_{a1}}{A_{p1}} + \alpha_1 \alpha_2 \beta_1 \beta_2 (1 - m_1)(1 - m_2) f_{ak}$$

$$(1-2)$$

式中　f_{spk2}——两种桩型复合地基承载力特征值；

　　　α_2——桩间土承载力提高系数，对非挤土成桩工艺，$\alpha_2 = 1$；

　　　β_2——桩间土承载力发挥系数，一般$\beta_2 \leqslant 1$。

如果只有两种桩型，则 f_{spk2} 即为最终的多桩型复合地基承载力特征值 f_{spk}。如果多于两种，则可以此类推，继续复合下去，但桩间土承载力提高或发挥系数的取值范围的离散性将进一步增大。

图 1 – 12　广义改变桩身——多桩型

思考：桩伴侣是闭合的环形"箍"；对于长短桩复合地基来说，短桩可以视作是长桩的开口的"箍"。不难证明如果"箍"与基础底板脱离位于桩顶的下面，则"箍"对竖向承载完全没有用处。从式（1 – 2）的推导也可以看出，多桩型复合地基存在着天然地基与各个桩型的桩承载力发挥的交互影响和折减。因此，应用长短桩时，将短桩直接与基础底板接触，促使短桩承载力发挥到极限，而在长桩的顶部铺设垫层，降低长桩的变形刚度，增大长桩到达极限状态的沉降量，就是桩伴侣"止沉"设计理念的体现初步。

1.2.6　宏观上改变桩身

在高层建筑桩基础的设计中，当采用均匀等长、等直径布桩的传统方法设计箱基、筏基、桩筏基础时，存在两个问题：一是呈现明显的碟形沉降引起上部结构的较大次应力；二是基底马鞍形承载力分布导致基础板或承台冲剪力和弯矩显著增大。现场实测结果亦表明：按等刚度设计的桩基，尽管桩数不少，但基础的碟形沉降仍不可避免，特别是在框剪、框筒、筒中筒结构中这一现象更为明显。由于存在沉降与承载力的悖论，学术界对基础下桩的优化布置形式存在"外强内弱"和"内强外弱"两种相反的认识[54~56]。龚晓南[57]院士认为桩筏基础设计是双控的，在特定条件下，承载力和沉降往往只是其中一个起主控作用。而"外强内弱"和"内强外弱"的布桩方式各有其优缺点，应视上部结构刚度和工程地质条件而定，具体工程具体分析，这都意味着要在宏观上改变桩身断面，可以理解为采用调整桩下部支承刚度（图 1 – 13[58]）的方法，是群桩整体意义的桩身纵断面变化，称为"变刚度调平[59]"。桩基支承刚度在平面上的分布原则是支承刚度增大的区域与上部荷载集度大的区域相对应，即在荷载大的地方（筏板中央区域）布置长而粗的桩，在荷载小的区域（筏板边缘区域）布置短而细的桩。以上述原则为指导，人为调整桩基支承刚度可以通过合理地增减复合桩基的桩长、桩径和桩距来实现（图 1 – 13）。

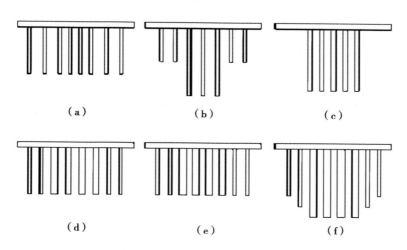

图 1 –13[58]　桩基支承刚度分布的人为调整方式

（a）等径不等距等长；（b）等径或不等距不等长；（c）中心局部设桩；
（d）不等径等距等长；（e）不等径不等距等长；（f）不等径不等距不等长

　　天然地基也存在承载力或沉降不均匀的问题，如果将地基土视为一个个的"土桩"，虽然无法调整"土桩"下部的支承刚度，但可以通过改变垫层的厚度、模量，调整"土桩"的上部的支承刚度（图 1 – 14[58]）。

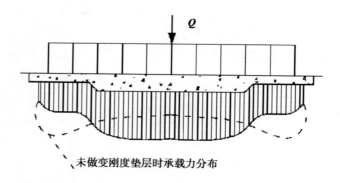

未做变刚度垫层时承载力分布

图 1 - 14[58]　采用变刚度垫层时基底承载力分布

张志刚、赫连志[60]通过实验得出结论：当基底下不设置垫层或全范围内设置垫层时，基底承载力分布边缘大内部小；而当在基底下设置变刚度垫层时，基底承载力向中部集中，如图 1 - 14 所示；宰金珉[61]提出了在基底下设置变刚度垫层以调整地基土刚度的方法。具体做法是在基础边缘部位采用刚度较小的垫层（如松砂垫层），而基础中心部位采用刚度较大的垫层（如素混凝土垫层），通过改变基底承载力的分布形态，使基础处于有利的受力状态，经变刚度垫层处理后基底承载力重新分布并向基础中部集中，比不处理时的分布明显合理；童衍蕃[62]通过设置不同材料的基础垫层来减少建筑物差异沉降；周峰、宰金珉和梅国雄等[63]利用变刚度垫层进行天然地基零差异沉降控制设计[62]。

变刚度垫层也可用于刚性桩复合地基的调平。侯化坤[63]介绍了一个实例：为了消除由于场地不均匀而导致建筑物的不均匀沉降，在建筑物东边减薄了 CFG 桩褥垫层厚度，减少桩间土负担荷载的比例，增加桩负担荷载的比例，以减少地基变形。褥垫层厚度从东到西由 100mm 变至 250mm，同时增加了上部结构刚度。

目前，刚性桩复合地基进行变刚度调平优化设计通常仍沿袭桩基础的基本思路，即调整桩下部支承刚度的方法，但这样会出现两种以上的桩型，往往还需要选择多个持力层进行比较试算。其实，复合地基由于桩顶与基础底板之间设置褥垫层，变刚度调平优化设计有一个得天独厚的条件，可以简单地调整桩顶的上部支承刚度（即采用变刚度垫层的方法），当然，这有待于对褥垫层工作机理进行更深入的研究。

从某种意义上说，桩伴侣就是为了自由地调整桩顶与基础底板的距离从而改变桩顶的上部支承刚度而设置的一种构造措施，因此，从竖向承载的角度理解，可将桩伴侣称为"变刚度调平桩"。

1.2.7 对竖向增强体"长相"的思考和启发

如果将宏观上改变桩身纵断面"内强外弱"的布桩形式的桩聚集起来并在整体上缩小或重新分布，就得到了微观上改变桩身纵断面的"上大下小"的逐节变径桩，也可以得到广义的改变桩身纵断面的"上多下少"多桩型长短桩，反之亦然。参见图 1 – 15。

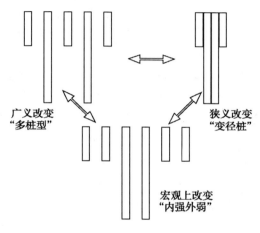

图 1 – 15[7] 一个有趣的变换

上述变换出现了一个奇怪的现象：即由宏观上改变的"内强外弱"或广义改变桩身的"上多下少"变换而成的狭义改变桩身成了"上大下小"的变径桩，这显然与夯扩桩或后压浆等对桩端底部的扩大或增强是相矛盾的。那么，究竟是该加强桩身的上部还是下部呢？是否存在某种机理或机制，在保持桩身上下一致的情况下，通过调整某个参数就可以实现对桩身断面不同承载部位的相对强化或相对弱化？

由此也引出了另一个问题：强化持力层真的很重要吗？

一个极端的例子[65]是 Frand Lioyd Wright（弗兰克·劳埃德·赖特）1921 年主持设计建造的日本东京帝国饭店。这个建设场地的地表土层厚约 2.5m，有良好的承载力。在该层的下面是一层软弱淤泥层，Wright 使用了与当时的设计思想完全不同的方法，把软弱层用作地基下的软垫，以消除东京地区可怕的地震作用。他设计了特殊的短桩基础，把紧密排列的短桩打入持力层到达软弱淤泥层的表面。这样，建在短桩基础上的帝国饭店就象战舰浮在海洋上一样浮在软弱淤泥层上。这个建筑的隔震设计是十分成功的。1923年关东大地震中，周围的大批房屋震倒了，帝国饭店经住了考验并在火海中成为一个安全岛。

另一个典型的例子是梅国雄[66,67]等研究的类似于桩底沉渣的纵向预应变桩（图1-16）。用于高层建筑时，竖向预应变桩基首先承担少量荷载，在桩体下端的柔性材料的作用下，桩体随着建筑物和土体一起下沉，在达到竖向预应变桩的预定位移后，桩基开始承担荷载，天然地基的承载力得到充分的发挥；竖向预应变桩的使用就使得在有较好的地基土地区建造高层建筑时，地基土承载力从以前的无法使用转变为可以充分使用。

沉渣也与此类似。桩底有沉渣的桩基受力性状试验[66]结果表明，沉渣的存在对无承台单桩的工作性状影响较大，但压缩沉渣后，桩端阻力逐渐发挥，表现出的真实荷载-沉降曲线与正常的曲线相似，说明增大荷载压实沉渣，单桩仍然可以恢复正常的承载性能。一方面，对于带承台单桩，虽然桩底沉渣的存在也会令桩产生刺入变形，从而使其荷载-沉降曲线产生差异，但由于承台板的存在，使得承台底土分担大部分荷载，即使桩端阻力发挥缓慢，也不会产生类似于无承台单桩的荷载-沉降曲线突降段；在压缩沉渣过程中，沉渣刚度慢慢变大，桩端阻力逐渐正常发挥。另一方面，土体产生的大沉降量使得承台底土受到预压，其承载潜力充分发挥，以至于带承台单桩的承载力逐渐变大，待压实沉渣后，各组桩端阻力正常发挥，承载力恢复；虽然各组试验过程中的荷载传递特性有所不同，但最终的承载力相近。利用沉渣的易压缩性可使桩基充分向下刺入，保证桩和地基土的变形与承载潜力同步协调发挥，进一步提高承载力。

上述两个例子，一个从减震隔震方面切入，一个从利用地基土承载力方面切入，虽然目的不同，但结果相似，即都要弱化桩端的支承刚度，削弱端阻，颠覆了传统的基桩设计和施工的理念，启发了岩土工程的创新，即采取一定的措施，可使地基中的竖向增强体延迟承担竖向荷载，甚至可以少承担竖向荷载，从而更多地调动天然地基的承载力。

有关地基承载力，约瑟夫·E. 波勒斯[68]有一段精辟的描述："地基承载力公式在大多数情况下是偏于保守的，而几乎在所有情况下所用

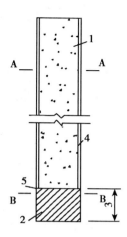

图 1－16[67] 纵向预应变桩

的土参数估算值又均留有余地，所以由此得出的地基承载力极可能是相当低估的值。此外，在计算得很保守的承载力上现在又加上一个安全系数，以致于最后推荐的容许值不足的概率是极低的。绝大多数设计人员趋向于把土木工程师所提供的承载力看作是不能超过的精确值。实际上，地基土承载力根本不是一个精确值。"

沈珠江和陆培炎[69]在《评当前岩土工程实践中的保守倾向》一文中列举了保守倾向的一些表现，例如：

（1）不必要地采用桩基：在良好的地基上仍采用桩基是当前设计中的一个突出问题。据不完全统计，在我国南方残积土地基上已建成的28 幢 14～33 层高层建筑中有 26 幢按桩基设计，改为筏基后不但节约了大量费用，而且运行良好[69]。

（2）采用过多过长的桩：软土地基上建高层或重型建筑物，采用桩基是不可避免的，但是，打桩过密不但浪费，而且会造成地面隆起和挤坏相邻建筑等危害。例如上海地区 18 个失效的港口工程中有 10 例就是由于沉桩挤土效应引起的[71]。有的过于强调桩尖必须到达中风化甚至微风化岩。在地质条件良好的情况下，这不但浪费，也延误了施工进度，有的甚至把桩打坏。

为了减小"不均匀沉降"，而追求"尽量小的总沉降"，可能是当前岩土工程地基处理行业的普遍共识，但建立在总体沉降量很小基础上的"沉降均匀"不仅意味着不经济，而且有时也并不安全。前辈们的经验启发我们，地基承载力往往易于满足，关键在于解决当以"增大沉降量换取承载力"后，如何使基础底板沉降均匀且可控。

由于场地地质条件的复杂、地基土质本身的不均匀、勘察的局限、施工质量的离散性、实施和使用阶段改变荷载等不确定因素，理论上精确的计算可能并没有相对粗糙的宏观概念和经验把握更可靠。对于常规构造的桩土共同体，其"同时共同作用"的过程可能是随机的，也可能因影响因素众多而难以把握其共性，此时，如果探索某种机制，人为地将桩土共同受力体的某些环节削弱或增强，改变共同工作的方式，则能够使承载和沉降性状向预定的方向发展。

1.3 地基基础新的分类方法：直接基础和间接基础

桩伴侣（变刚度调平桩）作为一种新型的组合桩，在工程中还鲜有应用，主要是因其在承受竖向荷载方面具有高承载力和高沉降量这样一种看似矛盾的双重特性，特别是目前对其承载变形特性仍缺乏系统的试验研究和理论分析。当前岩土工程界普遍认为地基与基础属于不同的范畴，笔者在介绍桩伴侣时，也常被质疑一个很基本的问题：在地基基础的分类上，桩伴侣究竟是属于地基还是基础？

伴侣作为短粗的竖向增强体，适合做基础，类似于较短的现浇大直径薄壁筒桩（cast-in-situ concrete thick-wall pipe，简称PCC）[15,16]、矩形闭合地下连续墙[72~75]或者围梁等，如果咬文嚼字，并以PCC桩来指代伴侣，可以这样描述桩伴侣：桩作为细长的竖向增强体，跟土一起组成了复合地基；短粗的PCC桩，局部适度增加了基础底板的深度，是PCC桩基础。则桩伴侣可称为"PCC桩基础复合地基"，注意：不是"PCC桩复合地基"，而是"PCC桩基础复合地基"。

在现有技术规范的框架内，为改善桩头的受力状况也可采用在桩基础的基础上额外增设伴侣，这样至少增加了工程的可靠性也有助于桩伴侣技术的推广应用，而且桩伴侣之所以能被称为"变刚度桩"，是因为桩顶与基础底板（承台）之间的距离或材料模量可调整，当然竖向增强体也可采用桩基础的构造形式，此时，"变刚度桩"的初始支承刚度达到最大值。按照上文以PCC桩来指代伴侣，需要这样描述桩伴侣：

桩作为细长的竖向增强体，采取桩基础的构造形式；在同一位置，额外增设了短粗的 PCC 桩，仍采取桩基础的构造形式，则桩伴侣可称为"PCC 桩基础桩基础"，或者是"PCC 桩基础 + 桩基础"。

在生物工程的研究领域，不同物种之间进行"杂交"的新物种会继承原有父系和母系物种的特征，也会产生有别于原有物种的新的特征，特别是父系和母系物种亲缘关系较远时，会产生无法杂交、杂交劣势、杂交优势等多种结果。桩伴侣作为桩基础与复合地基，或者是桩基础与桩基础的"杂交"体，是否能有"杂交优势"呢？因为缺乏工程实证，笔者不敢妄言，但无论如何，桩伴侣这样一种既是复合地基又是基础的新的构造形式的出现打破了原有地基和基础泾渭分明的分类界限，客观上也需要岩土工程领域与时俱进，对原有地基基础的分类方法进行"扬弃"，本书将其综合为直接基础与间接基础两个大类。

除了无法反映地基与基础之间的关系和联系这一缺陷外，传统的关于深基础与浅基础的分类方法尚存在一些不足，可能导致对一些概念理解上的错误。

一般认为，浅基础指基础埋深小于 5m，或者基础埋深小于基础宽度的基础。浅基础根据结构形式可分为扩展基础、联合基础、柱下条形基础、柱下交叉条形基础、筏形基础、箱形基础和壳体基础。但浅基础不一定是浅的，例如：为减少由建筑物荷载引起的地基沉降，而以岩土自重大致相当于建筑荷载的原则而砌筑于地下相应深度处的各种补偿基础或浮基础[10,11]虽然埋深较大，但更倾向于浅基础的特性，而不同于同属深基础的桩基础。再如：带有褥垫层的复合地基，虽然类似于桩基础设置了竖向增强体，而且其基础的埋深甚至往往大于桩基础的基础底板（承台），但其基础形式却属于浅基础的范畴。

同样，一般指基础埋深大于基础宽度且深度超过 5m 的深基础也不一定是深的。通常认为，深基础是埋深较大，以下部坚实土层或岩层作为持力层的基础，其作用是把所承受的荷载相对集中地传递到地基的深层，而不像浅基础那样，是通过基础底面把所承受的荷载扩散分布于地基的浅层。因此，当建筑场地的浅层土质不能满足建筑物对地基承载力和变形的要求，而又不适宜采用地基处理措施时采用深基础。深基础有桩基础、墩基础、地下连续墙、沉井和沉箱等几种类型。如果基础底板（承台）下面是短桩（伴侣），是否也属于深基础？同时，与伴侣配合的刚性的竖向增强长桩却与基础底板（承台）不接触，显然无法将桩伴侣归简单地归于深基础或浅基础。

因此，本书建议，可以用一个相对中性的词"direct footing"（直译为"直接基础"）来取代"shallow foundafion（浅基础）"，与此相对应地，用"indirect footing"（直译为"间接基础"）来取代"deep foundation（深基础）"，而将目前的"shallow foundafion（浅基础）"和"deep foundation（深基础）"专门用来指基础的埋深或相对埋深。例如，陈惠发[81]《极限分析与土体塑形》一书中，在对条形基础的研究中使用了表面基础、浅基础和深基础的表述，并且以相对埋深（埋深与基础宽度之比，即 D/B）作为"深"与"浅"的分类依据，$D/B < 1$ 归为浅基础。有意思的是如果按照陈惠发大师的相对埋深分类，对于1m宽的条形基础，埋深大于1m，就可称之为"深"基础；而对于进深达20m的高层建筑，埋深小于20m，都只是"浅"基础。

直接基础可简单定义为能够直接将荷载传递到上层天然地基的基础；间接基础也可定义为穿过上部持力层将荷载传递到下部持力层并间接影响上层天然地基的基础。显然，这样一种分类方法同时包含了基础与地基两方面的因素，更客观地反映地基与基础之间相互依存、相互影响、相互作用的关系。

按照直接基础与间接基础的定义，桩伴侣与基础底板（承台）连接的部位尽管应用了类似桩基础的构造，却既可以是直接基础，也可以是间接基础，主要是根据桩顶与承台的距离和填充材料模量来区分，即如果桩顶与承台保持净空距离或填充材料模量较低，则为直接基础；如果桩顶与承台接触或连接，则为间接基础。对于其他设置竖向增强体的地基基础形式，也可采取类似的方法来分类，例如带褥垫层的刚性桩复合地基的基础可能介于直接基础与间接基础之间，如果褥垫层的刚度较大、厚度较小，则倾向于间接基础，而如果褥垫层的刚度较小、厚度较大，则倾向于直接基础。再如梅国雄等研究的类似于桩底沉渣的纵向预应变桩[66,67]虽然在表面构造上与桩基础的形式完全相同，但显然，随着桩底垫块材料模量的降低，这样的桩基础可以成为直接基础。

关于"direct footing"一词，笔者初见于北京市勘察设计研究院张在明[82]前辈的一篇文章，张大师将其与"天然地基"、"shallow foundafion（浅基础）"并列等同使用。但经网络搜索，发现该词用者甚少，

百度与有道（包括有道翻译）均查询不到，通过谷歌搜索，仅找到找
到"Footings Direct Ltd"，这是一家英国建筑公司的名字，位于艾塞克
斯（Essex，英国英格兰东南部的郡），网址是 http：//www. footingsdi-
rect. co. uk；通过万方数据检索，仅可以找到《Eurofruit》杂志 2007 年
的一篇文章，题目是"Luis Vicente strengthens counterseasonal import bus-
iness：The buoyant exotic fruit sector has encouraged the Portuguese giant to
establish a *direct footing* in far-flung production zones"，该词在全句可翻译
为"直接立足"；又经中国知网期刊全文精确检索，只有张大师这一篇
文章使用"direct footing"一词；最后，经万方数据全库全文精确检索
（包括期刊论文、学位论文、会议论文、中外专利、科技成果、中外标
准、法律法规），找到 4 个日本专利的摘要中使用了"direct footing"一
词，这四项专利分别为再生颗粒材料做压实桩增强地基、建筑重建与基
础再利用、斜坡上基础建造和基础隔震的人工基础等方面，比较全面地
涉及岩土工程地基处理领域的前沿和热门问题。

　　传统分类方法最大的缺陷是割裂了地基与基础之间的联系，笔者提
出直接基础与间接基础的分类方法创新的灵感来源于在某学术研讨会上
一位专家反复追问笔者"桩伴侣到底是属于地基还是基础"的思考，
伴侣是联系地基与基础的媒介，桩伴侣则既是地基又是基础，因此，不
仅直接基础与间接基础的分类方法应当属于较大的创新，而且也从一个
侧面印证了桩伴侣这项技术发明的创新性。

1.4　研究内容

　　（1）地基承载力是土力学的经典问题，随着土塑形理论和沉降计
算研究的深入和成熟，由勘察单位根据土质情况确定的地基承载力已越
来越严重地束缚岩土创新，本书对传统地基承载力的计算方法提出了质
疑，通过对地基承载力的再认识，可以有助于评价各类竖向增强体（基
桩）在地基中的设置方式、位置等是否科学合理，并指导桩伴侣（变
刚度桩）对直接基础的优化设计。

　　（2）桩基础与带褥垫的刚性桩复合地基是目前建筑工程中带有竖
向增强体的两类典型的地基基础形式，这两类基桩之间的关键差异在于
桩头的构造形式，桩伴侣（变刚度桩）杂交了这两类基桩的构造特征，

研究常规间接基础（桩基础）这种构造形式所固有的缺点，复合桩基优化设计对间接基础改进的局限分析，为了进一步优化常规间接基础（桩基础），需要在桩与土之外，采取新的技术措施，增加新的"伴侣"，褥垫层是当前应用较为广泛的广义上的桩的"伴侣"，进行刚性桩复合地基设置褥垫层复合地基技术对间接基础改进的缺陷分析，与各类与桩伴侣（变刚度桩）类似的技术进行对比分析，将桩伴侣对间接基础改进方式进行归纳总结。

（3）对于竖向荷载作用下桩伴侣的工作性状，进行桩伴侣极限承载力数值分析，对"止沉"曲线进行有限元数值模拟；研究复合地基静载荷试验时设置伴侣对桩土应力比的影响，提出并验证整合复合地基和复合桩基的承载力公式，推导桩伴侣整体承载力安全系数进行可靠度分析；桩伴侣技术的经济价值在于对桩间土承载力的充分利用，现有针对桩土的创新大多是尽量减小沉降，而桩伴侣则致力于在需要以较大的沉降量来换取土承载力的发挥，这与原有规范对承载力的判定标准有巨大的差异，研究地基发生较大塑形变形后的沉降计算与预测方法，研究桩伴侣（变刚度桩）进行变刚度调平优化设计的简单方法，减小或避免常规设计中的计算量，便于工程推广；研究工程实践中的应用和伴侣具体的施工方法。

（4）对于水平荷载作用下桩伴侣的工作性状，建议将承台与土之间的摩擦力小或地基土约束力差的低承台桩基称为"非典型高承台桩基"，将其从"典型的低承台桩基"中细分出来；不改变直接基础的属性，与设置伴侣进行有限元计算对比；桩顶与基础底板预留沉降空间，将传统的桩基础由间接基础改造为直接基础，与设置伴侣进行有限元计算对比，同时研究伴侣与承台的受力与位移特性。

第二章 对地基承载力的再认识以及 桩伴侣对直接基础的优化

各类建筑工程都离不开岩土。它们或以岩土为材料，或与岩土介质接解并相互作用。对与工程有关的岩土体的充分了解是进行工程设计与施工的重要前提[76]。充分利用天然地基的承载力，既是古代建筑大师的首选，也符合当前倡导绿色节能的时代主旋律。天然地基浅基础是典型的直接基础，当天然地基无法满足上部结构的承载要求，需要进行地基增强，通常加入刚性竖向增强体是提高承载力、减小沉降量最有效的方法，地基中是否设置基桩并不是区分直接基础与间接基础的标志，例如刚性桩复合地基仍保持了直接基础的特性，而基桩设置不合理却会导致天然地基承载力无法发挥或发挥不当。

2.1 地基承载力研究综述和存在的问题

对于条形基础，在平面应变条件下，研究的方法如 Terzaghi（沙太基）和 Meyerhof（迈耶霍夫）极限平衡法、Sokolovshii（索科洛夫）和 Bxinch Hansen（汉森）利用滑移线法、Shield（希尔德），陈惠发和 Davidson（戴维森）极限分析法和许多其他方法[81]，均是建立在极限平衡方程的基础上，统称为刚塑性方法，即假定在极限平衡状态时，以塑性区或滑移线为界将主滑土体隔离出来，进行力的平衡分析。

2.1.1 假设对数螺旋滑移线计算地基承载力的经典方法

本节简要回顾假设基底光滑与土体无重的普朗特公式和考虑土体重量、基底粗糙的太沙基公式、考虑以及多个参数的魏锡克公式等基于对数螺旋滑移线假设推导地基承载力的经典方法。

27

图 2-1[68] 中条形基础宽度为 b，长度无限，均布荷载 q，地基为均质土，各性同向，基底光滑，基础两侧均布荷载匀 q_0，并假设介质是无质量的。根据极限平衡理论及上述基本假定，得出滑移线的形状：两端为直线，中间为对数螺旋线，左右对称，如图 2-2[68] 所示，在滑移线 EDCGF 以上土体达到塑形性平衡状态，当地基达到塑性极限平衡状态时，ABC 为朗肯主动区（Ⅰ区），ACD 与 BCG 为径向剪切区（过渡区Ⅱ），ADE 与 BGF 为朗肯被动区（Ⅲ区）。

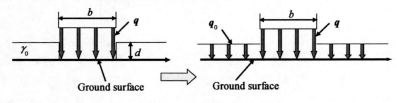

图 2-1[68]　条形基础

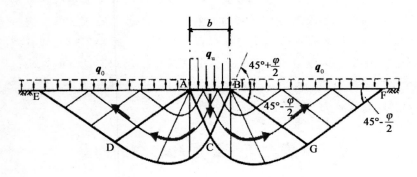

图 2-2[68]　普朗特假设滑移线和破坏机理

（1）在基底下的Ⅰ区，因为假定基底无摩擦力，故基底平面是最大主应力面，两组滑移线与基础底面之间成（45°＋φ/2）角，也就是说Ⅰ区是朗肯主动状态区。

（2）随着基础下沉，Ⅰ区土楔向两侧挤压，因此Ⅲ区为朗肯被动状态区，滑移线也是由两组平面组成，由于地基表面为最小主应力平面，故滑移线与地基表面成（45°－φ/2）角。

（3）Ⅰ区与Ⅲ区的中间是过渡区Ⅱ，第Ⅱ区的滑移线一组是辐射线，另一组是对数螺旋曲线，如图中的 CD 及 CG，其方程式为 $r=r_0 e^{\theta \mathrm{tg}\varphi}$。

1920 年，普朗特尔根据极限平衡理论，推导出当不考虑土的重力

（$\gamma = 0$），假定基底面光滑无摩擦力时，置于地基表面的条形基础的极限荷载公式；雷斯诺在普朗特尔公式假定的基础上，导得了由超载产生的极限荷载公式。两部分叠加，得到了条形基础在无重量地基上的极限承载力为以下公式，即

$$q_u = c \cdot \left[e^{\pi \cdot \tan\varphi} \cdot \tan^2\left(45° + \frac{\varphi}{2}\right) - 1 \right] \cdot \cot\varphi +$$

$$q_0 \cdot \left[e^{\pi \cdot \tan\varphi} \cdot \tan^2\left(45° + \frac{\varphi}{2}\right) \right] \qquad (2-1)$$

简化为

$$q_u = c \cdot N_c + q_0 \cdot N_q \qquad (2-2)$$

式中

$$N_q = e^{\pi \cdot \tan\varphi} \cdot \tan^2\left(45° + \frac{\varphi}{2}\right) \qquad (2-3)$$

$$N_c = \left[e^{\pi \cdot \tan\varphi} \cdot \tan^2\left(45° + \frac{\varphi}{2}\right) - 1 \right] \cdot \cot\varphi = (N_q - 1) \cdot \cot\varphi$$

$$(2-4)$$

N_q 与 N_c 为承载力系数。公式中的均布荷载 q_0 可看成基底以上两侧土体的重量，因此 $q_0 = \gamma d$，d 为基础的埋深，则式 2-2，即

$$q_u = c \cdot N_c + \gamma_0 \cdot d \cdot N_q \qquad (2-5)$$

若考虑土体的重力时，目前尚无法得到其解析解，但许多学者在普朗特尔公式的基础上作了一些近似计算，提出过一些带有经验性质的公式，再应用叠加原理，得出通式

$$q_u = \frac{1}{2}\gamma \cdot b \cdot N_\gamma + c \cdot N_c + \gamma_0 \cdot d \cdot N_q \qquad (2-6)$$

泰勒 1948 年提出，若考虑土体重力时，假定其滑移线与普朗特尔公式相同，那么图中的滑动土体 AEDCGFB 的重力，将使滑移线 EDCGF 上土的抗剪强度增加。泰勒假定其增加值可用一个换算黏聚力 $c' = \gamma t \cdot \mathrm{tg}\varphi$ 来表示，其中 γ、φ 为土的重度及内摩擦角，t 为滑动土体的换算高度，假定

$$t = \overline{OC} = \frac{b}{2}\cot\alpha = \frac{b}{2} \cdot \tan\left(\frac{\pi}{4} + \frac{\varphi}{2}\right),$$ 用（$c + c'$）代替 c，即得考

虑滑动土体重力时的经验系数

$$N_r = \tan\left(\frac{\pi}{4} + \frac{\varphi}{2}\right)\left[e^{\pi\tan\varphi}\tan^2\left(\frac{\pi}{4} + \frac{\varphi}{2}\right) - 1\right] \qquad (2-7)$$

此外，Brinch Hansen、Meyerhof、Vesic（魏锡克）等人还提出了形如 $N_\gamma = 1.8 \cdot N_c \cdot \tan^2\varphi$、$N_\gamma = 1.8 \cdot (Nq - 1) \cdot \tan\varphi$、$N_\gamma = 2 \cdot (N_q + 1) \cdot \tan\varphi$、$N_\gamma = (N_q - 1) \cdot \tan 1.4\varphi$ 等经验参数。

太沙基提出了确定条形浅基础的极限荷载公式。太沙基认为从实用考虑，当基础的长宽比 $L/B \geqslant 5$ 及基础的埋置深度 $D \leqslant B$ 时，就可视为是条形浅基础。基底以上的土体看作是作用在基础两侧的均布荷载 $q = \gamma D$。太沙基假定基础底面是粗糙的，地基滑移线的形状如图 $2-3^{[68]}$ 所示，也可以分成 3 个区。

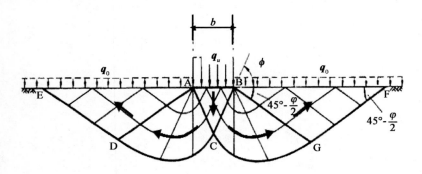

图 2 -3[68]   太沙基假设滑移线和破坏机理

Ⅰ区（ABC）：在基础底面下的土楔，由于假定基底是粗糙的，具有很大的摩擦力，因此不会发生剪切位移，Ⅰ区内土体不是处于朗肯主动状态，而是处于弹性压密状态，它与基础底面一起移动。太沙基假定滑移线 AC（或 BC）与水平面成 φ 角，即 ∠ABC 与 ∠BAC 为 φ。

Ⅱ区（ACD 与 BCG）：滑移线一组是通过 AB 点的辐射线，另一组是对数螺旋曲线 CD、CG。如果考虑土的重度，滑移线就不会是对数螺旋曲线，目前尚不能求得两组滑移线的解析解。因此，太沙基忽略了土的重度对滑移线形状的影响，是一种近似解。

Ⅲ区（ADE 与 BGF）：朗肯被动状态区，滑移线 AD 及 DE 与水平面成（$\pi/4 - \varphi/2$）角。

取脱离体 ABC，考虑单位长基础，根据平衡条件：$q_u = c \cdot \tan\varphi +$

$\dfrac{2P_p}{b} - \dfrac{1}{4}\gamma b\tan\varphi$ ，从实际工程要求的精度，用下述简化方法分别计算由三种因素引起的被动力的总和。

（1）土是无质量、有黏聚力和内摩擦角，没有超载，即 $\gamma = 0, c \neq 0, \varphi \neq 0, q = 0$。

（2）土是无质量、无黏聚力，有内摩擦角、有超载，即 $\gamma = 0, c = 0, \varphi \neq 0, q \neq 0$。

（3）土是有质量，无黏聚力，有内摩擦角，无超载，即 $\gamma \neq 0, c = 0, \varphi \neq 0, q = 0$。

采用叠加法的主要原因是传统的极限平衡法遇到了数学上的困难，即土重对地基塑性平衡的影响的研究，只能对个别问题建立微分方程并进行数值积分[81]。根据上述分解，分别根据平衡条件计算相应参数，最后可得太沙基的极限承载力公式，与公式（2-6）的表达方式一样。

公式（2-6）应用于条形基础与整体剪切破坏，当考虑圆形或矩形基础与局部剪切破坏时，需要进行修正。局部剪切破坏时，分别以 c^* 和 φ^* 代替 c 和 φ，修正为

$$\boldsymbol{q}_u = \frac{1}{2}\gamma \cdot \boldsymbol{b} \cdot \boldsymbol{N_\gamma}^* + c^* \cdot \boldsymbol{N_c}^* + \gamma_0 \cdot \boldsymbol{d} \cdot \boldsymbol{N_q}^* \qquad (2-8)$$

$$c^* = 2/3c \qquad (2-9)$$

$$\varphi^* = \tan^{-1}(2/3\tan\varphi) \quad \text{或：} \tan\varphi^* = 2/3\tan\varphi \qquad (2-10)$$

对于方形基础，修正为

$$\boldsymbol{q}_u = 0.4 \cdot \gamma \cdot \boldsymbol{b} \cdot \boldsymbol{N_\gamma} + 1.2 \cdot c \cdot \boldsymbol{N_c} + \gamma_0 \cdot \boldsymbol{d} \cdot \boldsymbol{N_q} \qquad (2-11)$$

对于圆形基础，修正为

$$\boldsymbol{q}_u = 0.6 \cdot \gamma \cdot \boldsymbol{R} \cdot \boldsymbol{N_\gamma} + 1.2 \cdot c \cdot \boldsymbol{N_c} + \gamma_0 \cdot \boldsymbol{d} \cdot \boldsymbol{N_q}$$

$$\boldsymbol{q}_0 = \gamma_0 \cdot \boldsymbol{d} \qquad (2-12)$$

魏锡克公式：魏锡克建议 $\boldsymbol{N_\gamma} = 2(\boldsymbol{N_q} + 1)\tan\varphi$，亦建议下列修改因素

$$q_u = \frac{1}{2}\gamma \cdot b \cdot N_\gamma \cdot S_\gamma \cdot d_\gamma \cdot i_\gamma \cdot g_\gamma \cdot \xi_\gamma \cdot b_\gamma + c \cdot N_c \cdot S_c \cdot d_c \cdot$$
$$i_c \cdot g_c \cdot \xi_c \cdot b_c + \gamma_o \cdot d \cdot N_q \cdot S_q \cdot d_q \cdot i_q \cdot g_q \cdot \xi_q \cdot b_q \qquad (2-13)$$

式中：S_γ、S_c、S_q 为基础形状系数，d_γ、d_c、d_q 为深度系数，i_γ、i_c、i_q 为荷载倾斜系数，g_γ、g_c、g_q 为基础倾斜系数，ξ_γ、ξ_c、ξ_q 为土的压缩性影响系

数，b_γ、b_c、b_q 为地面倾斜系数。

2.1.2 基于对数螺旋滑移线假设的理论"扬弃"

通常的土力学教材或文献，对于太沙基公式的推导详细过程没有介绍，对于承载力系数仅用曲线图给出，也有给出 N_q 的解析式[105,106]，即

$$N_q = \frac{e^{(\frac{2}{3}\pi - \varphi) \cdot \tan\varphi}}{2\cos^2\left(45° + \frac{\varphi}{2}\right)} \tag{2-14}$$

但 N_c 仍借用普朗特公式地基极限承载力的结论，即：式（2-4），$N_c = (N_q - 1) \cdot ctg\varphi$，但由于两种方法采用的计算模型不同，$N_c$ 与 N_q 之间应当并无此关系，太沙基地基承载力系数 N_c 不能借用普朗特尔理论的结果；特别是 N_γ 没有解析公式的表达，给地基承载力理论的学习及研究带来困难[107,108]。程国勇、邱睿、段淳[109]按照叠加的方法，推导了基底完全粗糙时太沙基地基承载力系数的解析解（表达式略，根据推导式计算得出太沙基极限承载力系数的曲线，太沙基承载力系数 $N_{q'}$、$N_{c'}$、$N_{\gamma'}$，与现有系数 N_q、N_c、N_γ 的比较如图 2-4 所示）。

程国勇、邱睿、段淳[109]认为目前普遍采用的太沙基地基承载力系数中只有 N_q 是正确的，其余两个存在较大误差，从图 2-4 中看到新的系数比现有系数有较大的增幅，而且增幅随着摩擦角的增大而增大。

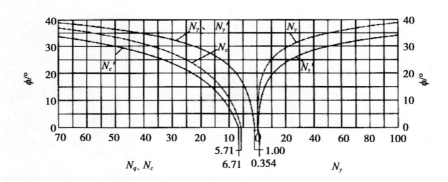

图 2-4[109] $N_{q'}$、$N_{c'}$、$N_{\gamma'}$ 与现有系数 N_q、N_c、N_γ 的比较

太沙基地基极限承载力公式是基于 Mohr-Coulomb（莫尔-库仑定律）破坏准则推导而得，但建立在单剪强度理论的 Tresca（特雷斯卡）

屈服准则或 Mohr-Coulomb 强度理论并没有考虑中间主应力的影响。然而，张学言[110]、俞茂宏[112]等大量实验证明：中间主应力对土体的屈服和破坏有影响。因而 Mohr-Coulomb 强度理论推导的的太沙基地基极限承载力公式并不能完全反映地基实际情况，而采用双剪强度理论如双剪屈服准则和广义双剪破坏准则更为合理，而且该理论也日渐成熟[113~115]。

周小平、黄煜镔和丁志诚[116]利用双剪强度理论，考虑中间主应力影响的特点，导出太沙基地基极限承载力公式。计算表明，考虑中间主应力的太沙基极限承载力比经典太沙基极限承载力大得多（提高的幅度在一倍左右），说明中间主应力对地基极限承载力有较大影响，且中间主应力参数 m 越小，地基极限承载力越大。该文献[116]算例为一宽为 4m 的条形基础，埋深 3m，假定基底完全粗糙得到太沙基极限承载力为 1258kPa，基底完全光滑时，太沙基极限承载力为 988.51kPa；采用双剪统一强度理论计算，当中间主应力参数 $m=1$，基底完全粗糙为 2018kPa，基底完全光滑为 1669kPa；当中间主应力参数 $m=0.9$，基底完全粗糙为 2327kPa，基底完全光滑为 1910kPa。

高江平、俞茂宏和李四平[117]采用双剪统一强度理论，导出了太沙基地基极限承载力公式，绘出了强度理论参数 b 的影响曲线。所给出的解可以灵活地适用于各种不同特性材料地基承载力的计算。已有的 Mohr-Coulomb 解、双剪强度理论解均为其特例。统一解大于 Mohr-Coulomb、双剪强度理论解，它可以更好地发挥地基材料的强度潜力，工程应用可获得明显的经济效益。基底完全粗糙时，地基极限承载力随统一强度理论参数 b 的增大而提高，当 $m=1$ 时，其 $b=1$ 时的相应值与双剪强度理论的极限承载力值相当，而 $0<b<1$ 时的值均比经典太沙基承载力大。这说明中间主应力对地基承载力有较大影响，且中间主剪应力系数 b 越大，地基极限承载力越大。结论明确认为在地基承载力计算中，采用经典太沙基地基极限承载力公式计算的结果偏小，未能充分发挥地基的承载力，地基极限承载力统一解随统一强度理论参数 b 的增大而提高。该文献[117]算例与文献 [116] 相同，当 $m=1$ 且基底完全粗糙时，$b=0$ 时极限承载力为 1580kPa，$b=1$ 时极限承载力为 2027kPa；当 $m=1$ 且基底光滑时，$b=0$ 时极限承载力为 1325kPa，$b=1$ 时极限承载力为 1674kPa。

王祥秋、杨林德和高文华[118]基于双剪统一强度理论和弹性理论的平面应变假设，推导出了条形受荷地基承载力的计算公式，并对基于双剪统一强度准则与 Mohr-Coulomb 准则的地基承载力计算结果进行对比分析，表明结论随着中间主应力影响系数 b 取值的提高，地基临界荷载的计算值也随之增大，该文献[118]算例条形基础的宽度 $B=2m$，基于双剪统一强度理论的条形受荷地基临界荷载计算方法能使地基承载力的计算值提高约 15% ~ 20%，在某种程度上更确切地反映了地基承载力的实质，但因此方法缺乏工程应用背景，在实际工程中需结合原位测试成果进行验证。

陈乐意、姜安龙、李镜培[119]认为由于地基材料的非线性，采用传统的叠加法计算地基承载力会带来误差。基于无重土地基破坏模式的承载力系数不适用于考虑地基土重的情况，这是采用叠加法计算地基承载力会产生误差的主要原因。基于滑移线法[120]，分析了由叠加法所带来误差的变化规律，并计算了能有效减小或完全消除该误差的承载力系数。研究表明：采用传统的叠加法计算得出的地基承载力是偏低的，且误差随地基土内摩擦角的增加而增加，随黏聚力的增加而减小。该文献[119]算例的基础宽度 $B=1m$，采用叠加法得出的承载力比非叠加法的承载力低 13.08%。

比较文献 [118] 的算例与文献 [116] 和文献 [117] 的算例，可知若考虑中间主应力影响，极限承载力提高的幅度与基础的宽度关系很大，比如文献 [118] 提高约 15% ~ 20%（宽度 $B=2m$），而文献 [116] 和文献 [117] 提高的幅度在一倍左右（宽度 $B=4m$），文献 [119] 虽然不是直接考虑中间主应力影响，但考虑自重实质上是基于对黏聚力 c 和摩擦角 φ 的修正，本质上仍然相当于考虑了中间主应力。对于通常建筑工程的基础筏板，宽度大都在 10m 以上，其提高的幅度会更大。这主要是因为主应力 σ_2 和 σ_3 即围压的影响，基础尺度、埋深和上部结构的荷载越大，则围压也越大。由此也可以设想：即使是宽度较小条形基础，若考虑到相邻基础应力扩散的影响，也将提高其下部地基土的中间主应力，进而提高极限承载力。

Michalowski（米哈洛夫斯基）[121]利用极限分析上限法分析有重土地基承载力时发现，地基承载力系数不仅依赖于 φ，还与无量纲参数 $c/(\gamma B)$ 和 $q/(\gamma B)$ 有关，仅与 φ 有关的承载力系数不能完全反映地基的承载性状。在不考虑土重条件下，地基土的黏聚力 c 与地基超载 q 对承载力的贡献可以叠加，并不会带来误差。一旦考虑地基土的自重，无重土地基的破坏模式就不再适用，而采用该模式得出的承载力系数 N_c 和 N_q 就不再可靠[81]。

2.1.3 假设圆弧滑移线计算地基承载力的方法

陈惠发[81]利用极限平衡分析，推导了内摩擦角 $\varphi = 0$ 的黏土三种假设破坏面的极限承载力的简易计算方法（图 2-5），导出相应极限承载力的计算公式，其中假设为半圆弧时，得到的承载力计算公式为

$$P = 5.14c + \gamma D \qquad (2-15)$$

《北京地区建筑地基基础勘察设计规范》[122]在地基承载力的计算中，规定对于一般沉积土和新近沉积土中的黏性土和粉土地基极限承载力按下式计算

$$f_u = 5.14\tau_e\xi_c + \gamma_0 d \qquad (2-16)$$

式（2-16）采用了与式（2-15）即图 2-5[81]中破坏面（b）计算结果相同的的形式，只是以等效抗剪强度 τ_e 代替了黏聚力 c，τ_e 中不仅考虑了摩擦角对剪切强度增大的影响，而且考虑了作于在破坏面上正应力 σ，使之适用于摩擦角不为零的土质，但并未按每个应力点确定 c、φ 和 σ，而是以平均初始有效侧限压力 $\bar{\sigma}_3$ 等方式进行了简化。

式（2-16）中，ξ_c 为基础形状系数，其中，条形基础：$c = 1$；圆形和方形基础：$c = 1.195$；矩形基础：$\xi_c = 1 + 0.195\dfrac{b}{l}$，式中，$b$、$l$ 分别为基础的宽度与长度。

γ_0 为基础底面以上土的平均重度，地下水位以下为浮重度（kN/m^3）。

τ_e 为黏性土和粉土的等效抗剪强度（kPa），黏性土和粉土的等效抗剪强度 τ_e 应按下式计算

$$\tau_e = c \cdot \tan(45° + \frac{\varphi}{2}) + \bar{\sigma}_3 \frac{\tan^2(45° + \dfrac{\varphi}{2}) - 1}{2} \qquad (2-17)$$

$\bar{\sigma}_3$ 定义为基础底面以下平均初始有效侧向应力（kPa），$\bar{\sigma}_3 = \gamma(d + ze)/2(1-\nu)$，$\nu$ 为泊松比，将基底下计算平均初始有效侧向应力的深

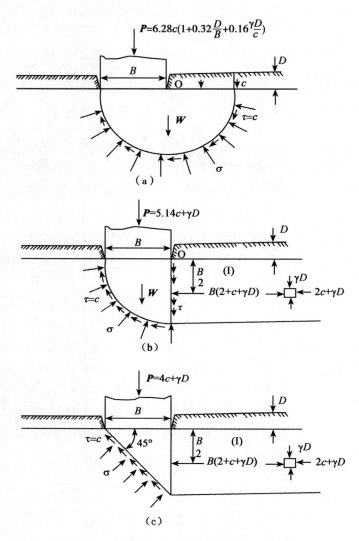

图 2-5[81]　极限平衡破坏模式 $\varphi = 0$

度 z_e 的取值为 Terzaghi 的下限解，例如对于条形基础，z_e 取为基础宽度的 $1/2$。

　　张钦喜、李继红[123]认为北京规范[121]将本应按 c、φ 及各点应力确定的强度，转换成一个统一的由 $\bar{\sigma}_3$ 确定的 τ_e，可能带来误差，且 $d\tau_e / d\bar{\sigma}_3$ 有随 φ 值加快增长的趋势，当 φ 值较大，承载力的估计会偏大。但本书认为北京规范[122]不一定是偏于保守的，原因是：$1/4$ 圆弧假设本身,与 1/2 圆弧相比,减小了一半的滑移线,系统上就偏于保守;虽然公式经过载荷板试验验证,但载荷板尺寸较小,围压 σ_2 和 σ_3 较小,处于近似于单向压缩状态,而实际工程中面积基底都比较大,围压 σ_2 和 σ_3 也较大,公式未考虑中间主应力的影响,也低估了实际承载能力;φ 值对承载力的影响,本质上就是依赖于围压,$d\tau_e/d\bar{\sigma}_3$ 随 φ 值加快增长的趋势反映了这一规律,并非估计偏大;平均初始有效侧向应力 $\bar{\sigma}_3$ 的计算是以 Terzaghi 的下限解深度处的应力来代表整个滑移线的应力,估值也偏于保守。

张钦喜、李继红[123]根据理论及工程实际经验发现,地基破坏时土体影响范围的大小与传统理论的对数螺旋线相比,更接近于图 2 – 5 (a)[81]的圆弧形滑移线。通过假定一系列圆心在基底的圆弧形滑移线,根据安全稳定系数最小确定出圆心在基底边缘时的圆弧面为地基整体失稳时的最危险滑移线;运用极限平衡方法,通过建立力矩平衡方程求解出了一种新的基于条形基础的地基极限承载力计算公式,即

$$q_u = \gamma_o d + 2\pi c + 2\pi\gamma b\tan\varphi + 2c_0\,\frac{d}{b} + \frac{\gamma_o d^2 K_0\tan\varphi_0}{b} \qquad (2-18)$$

张钦喜、李继红[123]的承载力计算方法与目前地基基础设计规范[77]和北京规范[122]的结果较为接近,但比经典的太沙基理论解小很多。究其原因一方面可能是因为规范过于保守,另一方面也说明圆弧滑移线的假设相对于传统的对数螺旋滑移线的假设来说是整体上是偏于安全的。

2.1.4 思考讨论

2.1.4.1 滑移线形式是否可能因"弹性核"破裂而改变

在上部竖向荷载作用下,条形基础下方及外侧会形成一个剪切区域,内摩擦角 φ 在一定范围内时,试验研究和理论都已证明这个剪切区域的外轮廓或等值线接近于对数螺旋线滑移线假设的形状,因此,太沙基等岩土工程的鼻祖前辈们都不约而同地采用了对数螺旋线滑移线假设来计算地基承载力,但在人类岩土实践的历史上,即使宏观上已经出现了显著的复合对数螺旋线滑移线假设的剪切破坏区域,基础也没有发生这样长距离的滑动。如果对数螺旋线滑移线的假设成立,如图 4 – 6 (基底为完全摩擦)所示,当内摩擦角 φ 较大,将产生数倍于基底宽度

的滑移和地面隆起；而当内摩擦角 φ 较小，则对数螺旋线即使退化为直线也无法通过作图得到刚体光滑连续的滑移线曲线。

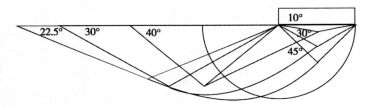

图2-6　不同长度滑移线比较

由于地基土的非线性特征，弹塑性理论采取容许并限定一定区域塑性区的开展来确定地基承载力，工程实践经验也证实地基土即使出现了显著的塑性变形，也具有继续承担荷载的能力。因此，即使地基土沿着剪切破坏区域的轮廓线发生了隆起等典型的整体剪切破坏的特征，地基也不必然发生滑移，而且即使发生滑移，也不必然沿着剪切破坏区域的外轮廓线，因为数螺旋线滑移线假设的"弹性核"刚度很低，一旦基础开始滑动，形状为三角形的"弹性核"可能会首先遭到破坏，即使"弹性核"在一定程度上仍然存在，但也会改变形状，则基础滑移线将是在破坏区域轮廓线的内部。如果是三角形的顶点被削平，"弹性核"成为一个等腰梯形，近似相当于基础底板的深度有所增加，则内摩擦角 φ 较大的硬土或砂土的破坏滑移线会趋向于内摩擦角 φ 较小的软土（软黏土或软质粉土）的圆弧滑移线［历史上为数不多的几个沿圆弧滑移线整体破坏的实例如某斜塔、某谷仓倾覆（图2-7），某应用管桩基础的13层住宅楼倒塌］的破坏形式。

2.1.4.2　绝对对称均匀体系的假设是否合理

在传统的地基承载力的推导过程中，通常都是默认上部荷载绝对对称均匀，上部荷载引起的基底附加应力绝对对称均匀，而地基土的抗力以及周边的约束也是绝对对称均匀，所形成的近似对数螺旋线的剪切区域的外轮廓或等值线也是绝对对称均匀，所形成的近似对数螺旋线的剪切区域的外轮廓或等值线也是绝对对称均匀，对于一个物理外力、抗力、外观、破坏特征都绝对对称均匀的体系，其刚体位移特性无疑也应当是绝对对称均匀的。随着上部结构荷载的增大，基底和周边的地基土

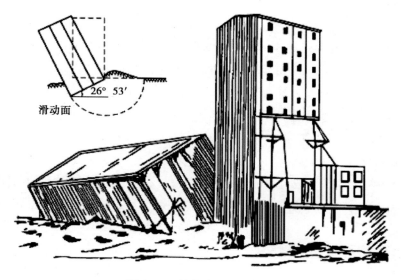

图 2-7 某谷仓的地基倾覆

陆续发生剪切破坏，逐渐进入塑形状态，但是，即使地基土完全进入塑形状态，完整的剪切带已经形成，已经发生了较大的沉降，但地基基础并不必然要发生转动，而是处在一种平衡状态（图 2-8）。

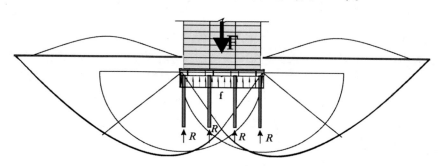

图 2-8 平衡状态图

可以说传统地基承载力的刚塑性理论就是在求解这种平衡状态所假设的各种的不同的极限平衡方程，但是，地基土本质上是不具有结构性散体材料，其"强度"不是材料自身的强度，只是反映颗粒之间联系状态，由此得到的"地基承载力"也只是原有某个固结状态打破时对应的外力，地基土的材料本身并没有任何破坏，只要土颗粒之间的联系状态发生变化，就可以形成新的平衡状态，并随时间逐渐又形成新的带有结构性特征的的固结。

沈珠江院士曾撰文[69]反对规范由勘察单位提供场地所谓"地基承载力"，笔者接触的很多专家都在不同的场合表达了"地基承载力"是个虚拟的东西、"地基承载力"可能是个错误的概念、几乎根本不是精确值[68]的真知灼见。举例来说，一个是百米高的大楼，一个是几米高的钢铁混凝土实心墩子，荷载、场地、埋深、基底尺寸等参数都完全相同，合格的工程师应在设计中对两者的"地基承载力"区别对待，实心墩子的"地基承载力"更高而百米大楼的"地基承载力"更低，但依据传统的地基承载力理论却找不到依据，因为按照传统对称均匀体系所建立的同一个场地条件的地基的极限平衡方程是唯一的，依据该极限平衡方程所推导的"地基承载力"也完全相同。

尽管现有研究在理论上已经证实地基土的承载力被低估，但在实践上仍普遍存在谨慎应用的保守倾向[68~70]，即使通过更多土的本构关系、容许土的塑性等理论创新，建立求解了更多的极限平衡方程，得到了更多的"地基承载力"值，但是，在对建立在传统对称均匀体系上的"地基承载力"的取值上仍然是盲目的，或者说是半理论半经验的，可能只能用偶然因素来解释对称均匀体系上地基的破坏。

倘若发生地基破坏是由于一定的偶然因素，那么，这种偶然性也是蕴含在必然性之中，目前的理论无法进行定量计算和科学解释打破上述绝对对称均匀体系平衡状态（图2-8）的内部和（或）外部的"偶然"因素，因此，岩土工程理论创新的方向和研究重点可能只有对传统上这类建筑在绝对对称均匀假设基础上的理论体系进行质疑和扬弃（发展就是否定之否定，扬弃是真正的继承），才能把握对必然性的规律认识。

2.1.4.3　很长的滑移线是否具有工程意义

由于真实地基的破坏或基础的滑移是不对称的，说明上部结构与地基基础的真实体系必然是不对称的。首先，工程建设的场地本身就是不均匀的，上部结构与地基基础体系的不均匀性在建设初期就已存在，随着建设的进程不断发展并在全寿命的使用过程中不断变化，例如荷载的增大、承载材料塑性的发展等，当影响平衡的外部和内部因素达到了一定的程度并打破了这种平衡，上部结构与基础开始沿着某种滑移线（整体剪切或局部剪切破坏所假设的对数螺旋线、圆弧滑移线或其他）突然地以极快的速度倾覆时，极限平衡方程转化为相对于刚体转动中心的倾覆力矩与滑移线上抵抗力矩的平衡问题，相对于某个具体的倾覆方向来说，力矩平衡的体系是非对称的。

由于土的本质是松散的散粒体，并不是刚塑体理论所假设的不可压缩，整个很长的滑移线上的破坏程度也不一致，因此也许只有在最终倾覆的时候，整个滑移线上土的剪切强度才可能全部发挥。但这种滑动状态一是突然发生，二是一旦发生其过程不可逆，因此以不可逆的、突变的运动状态来研究地基极限承载力，可能并不适用建筑工程处于静止或相对静止（地震时结构、地基与基础之间的相对位移也很小）状态的特点。

笔者并不否认地基承载力达到极限后宏观的破坏现象，历史上为数不多的几个沿圆弧滑移线整体破坏的实例如某斜塔、某谷仓倾覆（图2－7），某应用管桩基础的 13 层住宅楼倒塌等较为明显的圆弧滑移线，而作用在内摩擦角 φ 较大的硬土或砂土的破坏滑移线可能会比圆弧滑移线更长一些，但上述滑移线的假设可能更适用于进行直接基础的倾覆验算，而不适用于相应的"地基承载力"的计算。

倾覆或长距离的滑移是地基失效的一个重要标志，而且造成的后果相对来说也更加严重，但"地基承载力"不完全是倾覆问题，特别是如果取用突然发生、不可逆，长距离滑移的倾覆所对应的荷载作为建筑工程的"地基承载力"，可能会高估"地基承载力"，增加工程失效的风险。

对于大多数建筑工程来说，如果仅仅是总沉降量很大，但沉降均匀，宏观上不发生滑移，或者是滑移量很小，不仅不应当认为是地基失效，反而说明充分地利用了天然地基的承载力，增大了地基土的密实度，相对于总沉降量很小（差异沉降也小）的设计来说应当认为是更加成功的。因此，地基失效的判定标准的首要因素应当是滑移量，宏观的衡量指标：一是建筑工程整体的倾斜率（倾斜角）；二是局部的相对倾斜率（倾斜角）。于是，精确地计算和科学地评价"地基承载力"的关键因素在于滑移线的选择。

虽然建筑工程一旦发生较大的整体倾覆或长距离滑移，其过程不可逆转，但如果仅仅是较小的刚体位移却在一定程度上可控，如何研究建筑工程的小刚体位移，或者说选择更短的滑移线，可以从轮船的抗倾覆上寻找灵感。

轮船通过精心设计的重心、浮心、稳心使其具有小量失稳、倾斜后自动恢复平衡的能力。假设船体向右倾斜，如果船上的货物不移动，重心位置就不会有变化，但由于左面一部分体积露出水面，右边同样大小的体积浸入水中，因此浮心向右移动。如果重心比较低，或者船身比较宽，浮心向右移动相对比较大，浮力作用线就会移到重力作用线的右侧。这时候，浮力的力矩会使船体回复到正常状态。如果重心比较高，或者船体比较窄，浮力向右移动相对较小，浮力作用线在重力作用线的左侧。这时候，浮力的力矩会继续使船体倾斜。这两种情况，前一种是稳定的，后一种是不稳定的。如果重心在浮力的下面，船体倾侧后，浮力的力矩一定会使船体回复到正常状态。因此，重心低于浮力的船舶一定是稳定的。为了使船舶具有良好的稳定性，要设法增加船体的宽度，并且尽可能降低船舶的重心位置，建筑设计控制高宽比、设法增大有效埋深、设置非常厚的筏板基础降低重心就能减小倾覆风险的道理也在于此。

过去的研究在确定地基承载力时，通常不考虑上部结构的情况，对上部结构高度（重心）不同的地基取用相同的承载力，事实上，当处于极限平衡状态时，在其他条件均完全相同的条件下，上部结构的高度（即重心的高度）就决定了整体倾覆发生的概率和程度，因此，研究地基的承载力，应该同时结合上部结构的重心分布以及作用于上部结构水平力的情况。

从轮船的抗倾覆上可以得到一些启发：一是滑移线应位于建筑的内部；二是滑移线的长度应当尽量短；三是刚体若仅发生转动位移的滑移线应当是圆弧形；等等。建筑工程可按照上述原则研究倾覆问题，进而更科学合理地评价地基承载力。

2.1.4.4 附加应力对滑移线上土剪应力的贡献能否被忽略

根据土抗剪强度的库伦理论，$\tau_f = c + \sigma\tan\varphi$，如果考虑自重，增大作用于土滑移线上的正应力，就可以提高土的剪应力；而上部荷载提供了更大的外部荷载，增大了土滑移线上的正应力，也可以提高土的剪应力，而且压实固结后增大了土 c、φ，这样对于天然地基特别是密实度低的土就进入了一种"良性循环"，即：

上部荷载增大→压实地基土→地基土性质改善→可以承担更大的荷载→进一步压实地基土→地基土性质更加改善→……

这一"良性循环"，可以说是"用沉降量换承载力"等价说法或具体解释，从广义上来理解，无论是对于天然地基，还是对增强地基来说，增大沉降量、提高承载力、利用上部荷载的"静夯"是一种几乎无成本的最廉价、最天然、最绿色环保的地基处理方式。事实上，"静夯"并不是笔者的杜撰，而是在工程中早有应用，例如在对既有建筑加层时常常会考虑"静夯"的良性循环，补偿基础也是在利用原有上层地基土的重量对下层地基土的"静夯"。

无论是对数螺旋滑移线假设还是圆弧滑移线假设，滑移线上几乎每一个点的应力状态都不同，由于公式推导或数学计算上的困难，传统的研究不仅常常忽略或低估地基土自重作用于滑移线对土剪应力的贡献，而且较少考虑上部荷载引起的附加应力作用于滑移线对土剪应力的贡献，但简化运算会低估内摩擦角 φ 对抗剪强度的贡献，使承载力的计算偏低。

也许采用对数螺旋滑移线假设可以使附加应力增大的土的抗剪强度部分的抗滑移力矩为零，但笔者未看到相关理论证明。采用对数螺旋线滑移线的假设在某种程度上相当于增大了滑移线长度，从而在一定程度上弥补了不考虑附加应力的不足，但采用更短的滑移线假设进行抗倾覆计算，则附加应力对滑移线上土抗剪强度的贡献不能忽略。

2.1.4.5　桩伴侣（变刚度桩）对直接基础地基破坏形式产生影响探讨

当基底压力增大到极限承载力时，地基出现剪切破坏。一般认为浅基础剪切破坏的形式有整体剪切破坏、局部剪切破坏和冲剪破坏三种[68,83]（如图 2-9[83] 所示）。

（a）整体剪切破坏：当基底压力达到极限荷载时，基础两侧地面向上隆起，地基形成连续滑移线而破坏，属于紧砂或硬黏土的典型破坏模式。

（b）局部剪切破坏：当基底压力达到极限荷载时，基础两侧地面

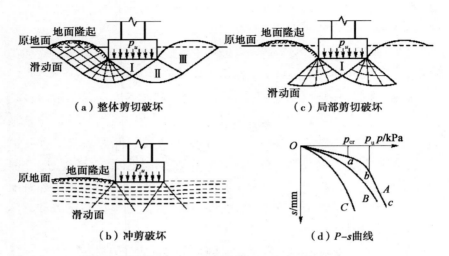

（a）整体剪切破坏　　　　　　　　（c）局部剪切破坏

（b）冲剪破坏　　　　　　　　　　（d）P-s曲线

图 2-9[83]　地基土的破坏模式及地基土破坏的 P-s 曲线

只是微微隆起，剪切破坏区限制在地基内部某一区域，破坏特征是出现相对大的沉降。

（c）冲剪破坏：当基底压力达到极限荷载时，基础边缘下地基产生垂直剪切破坏，基础两侧地面不出现隆起，地基不出现连续滑移线，出现相对大的沉降。

根据 Duke（杜克）大学 Vesic（魏锡克）[84,85]的研究，上述不同的破坏模式由砂土的相对密度或黏性土的压缩性控制；对于压缩性影响的考虑，采用一个与土的强度指标和基础尺度有关的刚度指数 Ir，这个刚度指数是土的剪切模量与强度之比，即

$$Ir = \frac{G}{c + q\tan\varphi} = \frac{E_0}{2(1 + \mu)\ (c + q\tan\varphi)} \qquad (2-19)$$

Vesic 在其研究中还提出临界刚度指数 $(Ir)cr$ 的表达式

$$(Ir)cr = \frac{1}{2}\exp(3.30 - 0.45B/L)\cot\left(45° - \frac{\varphi}{2}\right) \qquad (2-20)$$

当实际的值 Ir 小于 $(Ir)cr$ 时，说明土的压缩性必须考虑，地基的破坏形式倾向于刺入破坏；反之，地基发生滑动。

对于粘聚力很小或存在不确切、不稳定的砂类土，按照式（2-19）计算得到的刚度指数 Ir 偏大，张在明[82]介绍了对北京地区 44 组载荷试验结果（黏性土 22 组，砂类土 20 组）与两种模型分析结果进

行了比较发现对于所研究的地区和土类，所有黏性土，$Ir < (Ir)cr$ 即可能发生刺入破坏；反之，所有砂类土 $Ir > (Ir)cr$ 可能发生整体剪切平衡。

张在明[82]还证实，随着埋深的增大（砂土大约 3m，卵石大约 9m），砂类土的刚度指数 Ir 可降低到临界刚度指数 $(Ir)cr$ 以下，事实上，这体现了围压的作用。对于密实度较高、刚度较大的土，按照式（2–19）计算得到的刚度指数 Ir 也会偏大，发生滑动性剪切的可能较大，但如果能对天然地基稍加干预，设法降低其刚度指数 Ir，或者阻止整体滑移线的形成，便会促使其破坏模式趋向于刺入破坏。

应用桩伴侣，大体上可在三个方面对直接基础（浅基础）的破坏模式发生影响。

（1）桩伴侣使基础底板与地基形成咬合并适度增大埋深。

设置桩伴侣后，使基础底板与地基土的接触关系由摩擦变为咬合，基础底板与土之间在水平方向几乎完全没有相对位移，形成真正的绝对粗糙；同时，桩伴侣适度增大了基础底板的埋深，已有研究表明，基础的相对埋深 D/B 增大时，即使刚度较高的土，其破坏模式也有趋于刺入破坏的趋势。

《建筑地基基础设计规范》[77]等规范，无论是采用刚塑性模型还是弹塑性模型，对于考虑土的重量在抵抗基础滑移的问题上均以基础底板的宽度 $B = 6m$ 为上限进行修正，超过部分不再考虑，可能有两方面的原因导致其理论值高于实际值：一是通常建筑工程应用筏板基础时，基础宽度较大，筏板的相对刚度降低，由于荷载和承载力的不均匀、土颗粒间的相互影响等原因，出现了不均匀沉降，这可能是使承载力系数的表观值降低的原因之一；二是当基础宽度很大时，在发生整体破坏以前，可能其他的破坏模式已经出现了，例如沉降量比较大，就会出现正常使用极限状态，限制了进一步采用更大的基底压力，这也说明对于基础宽度较大的建筑工程，发生整体剪切破坏的可能性很小。

桩伴侣用较小的成本增大了基础底板的高度，提高了基础底板的刚度刚度，提高了地基抵抗不均匀沉降的能力，伴侣与地基土之间的"犬牙交错"在一定程度上将土束缚、约束，充分保证了地基土的承载力的发挥。

与刚性桩基础的"增大埋深"不同，桩伴侣增大的埋深有限，且当桩顶与基础底板预留沉降空间时，为直接基础，不影响浅基础底板向地基土传递荷载，仍保留浅基础剪切破坏的形式。而刚性桩基础为间接基础，主要将上部荷载传递到桩端或下部持力层，其破坏形式发生了根本的变化。

（2）桩伴侣对土的滑动进行遮拦并干扰完整剪切带的形成。

桩伴侣中的竖向增强体如果布置的位置和深度合理，可以有效地起到对土的整体滑动进行遮拦，干扰、阻碍其局部的剪切带连成整体的作用。

桩的遮拦作用，可以阻碍、干扰或延缓土体局部的剪切带连成整体，侧向挤出给土的应变软化找到了一条出路，减小了或避免了基础下地基剪切型的破坏模式的发生，考虑到地基土破坏的渐进过程，随着沉降的增大，土体可以持续更大的承担荷载，提高了极限承载力，当基础底板的沉降接近桩顶后，再将荷载通过刚性桩传递到桩端或下部持力层。有关土的剪切带、桩的遮拦研究参见文献［86］～［94］。

（3）桩伴侣"三轴压缩"和"止沉"促进土承载力发挥。

只有当达到足以克服滑移线上土的剪切力、足以推动滑移线上的土的自重及其埋深压载的上部荷载，使整个地基从静止状态进入滑动状态，才有可能出现整体或剪切破坏的极限状态的破坏模式，而在此之前，由于荷载是逐渐增加的，土的变形也是以压缩为主。

值得注意的是，一般认为浅基础剪切破坏的三种土体的破坏模式中都没有考虑压缩性的影响，从相关的研究中，可知就土的重力和土的强度二者的影响来说，土的相对压缩性随着基础的尺度的增大而增大更为明显[95,96]。根据 Vesic[84,85] 的研究，考虑到塑性区内的体积变形，按照式（2-19）计算的刚度指数将会降低，此时，应用修正刚度指数 Irr，即

$$Irr = \frac{Ir}{1 + \Delta Ir} \qquad (2-21)$$

类似于带褥垫层的刚性桩的复合地基，在加载初期，刚性桩的上部桩身会出现"负摩阻力"（参见图2-10），在桩土共同体中，这一"负摩阻力"保证了加载初期上部荷载对土的压缩。桩"负摩阻力"的平衡力即为桩对土的"正摩阻力"，这样，对于设置桩伴侣的地基，对上部地基土压缩的约束不仅来自基础底板，还来自桩身侧面，形成了"三轴压缩"状态。

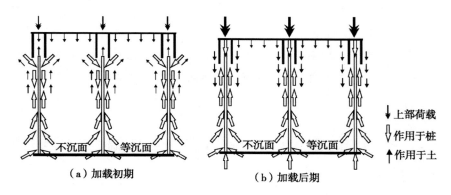

图 2 - 10　"负摩阻力"对上层土的压缩

　　对于常规浅基础的上部地基土，通常围压 σ_3 较小，处于近似于单向压缩状态，而下部的地基土，随着围压 σ_2、σ_3 的增大，承载性状得到了极大的改善，这也是土的承载力与埋深相关的原因。在高周围压力下，不论砂土的松紧如何，受剪都将剪缩。显然，给砂类土提供适当的围压 σ_2、σ_3，就可以弥补其黏聚力的不足，避免应变软化剪胀现象的发生，提高其刚度系数。对于黏性土，根据固结程度、密实或饱和程度的不同，也有类似于砂土的应变硬化或应变软化的特征，但由于还涉及土壤颗粒大小、性质、含水率、应力历史、扰动、固结程度等方面的原因，其承载特性较为复杂，但都可以通过增大围压改善其变形和承载性状。

　　桩伴侣在调动地基土的承载力上，基本的解决思路就是以沉降量来换取承载力。对于密实度高、具有应变软化特性的硬土、密砂进行帮助和保护，以"负摩阻力"的形式对上层地基土进行"三轴压缩"，通过提高其围压 σ_2、σ_3 使其承载力能够持续发挥而不破坏；而对于密实度低的、具有应变硬化特性的软土，则以上部结构的荷载"静夯"，破坏其原有的结构，进行密实重塑，进而提高承载力。这种对软土的破坏与重塑的过程类似于土的扰动与固结[97~102]。桩伴侣的"止沉"特性恰恰能够满足提高软土承载力的时间和空间条件。首先，桩伴侣应用于直接基础，桩顶与基础底板预留沉降空间，上部荷载能够直接传递到上部软土层，促使软土原有"结构"崩溃，彻底破坏其 RI 状态，提供其强度增长的空间条件；然后，当沉降达到预定的程度，桩顶与基础底板逐渐靠近，继续增加的上部荷载逐渐通过桩向下部地基土传递，沉降增加趋缓，表现为"止沉"；最后，上层地基土在较大的围压下，逐渐由 RI 状态向 FA 状态转变[100,101]，完成固结。

对于含水量大的土，在压密实的同时，若进一步结合砂石桩进行排水，加速固结，则地基土在建筑物的后期使用的可表现出更加稳定的承载性能。

2.2　评价地基承载力新方法"等效偏心法"的推导过程

本节基于上文思考和讨论的疑问、结论或原则以及由此带来的灵感，推导出一个评价直接基础地基承载力的解析解，笔者将这一新方法称为"等效偏心法"，注意笔者的使用了"评价"，而不是"计算"，因为按照这一新方法所得到的"地基承载力"并不唯一，或者说"地基承载力"并不取决于地基和基础本身。另外，公式是基于传统条形基础推导的，但经过修正后可用于绝大多数直接基础，包括带桩伴侣的直接基础。"等效偏心法"公式遵循了以下几个基本原则。

（1）不是绝对对称均匀的体系。

（2）滑移线应位于建筑的内部。

（3）能求得附加应力的解析解。

（4）滑移线的长度应当尽量短。

（5）符合常识，力求简便等。

2.2.1　"圆弧滑动和向下冲剪"假设

如果将基础底板视为刚体，且该刚体与紧邻地基土之间的摩擦足够大，或者虽然摩擦不够但埋深足够大，当基础底板发生相对较小的刚体位移时，几乎不存在刚体与土之间的相对水平平动，而只能是刚体竖向平动（整体沉降）和转动（整体倾斜）的组合，当一个刚体只有竖向平动和转动，不言而喻，对于基础底板来说，其运动状态就只能是"圆弧滑动"和（或）"向下冲剪"这两种状态之一或其组合了。更进一步，建筑工程中的荷载通常不是一次性地施加，而是随着施工进度逐渐增长，在出现任何滑动的倾覆前必然先产生或者同时伴有向下的沉降（排除挖深过大基底回弹的特殊建筑和膨胀土等特殊土除外），其运动状态有可能是不均匀的"向下冲剪"导致"圆弧滑动",或者至少是"向下冲剪"和"圆弧滑动"的组合。

当基础底板发生相对较小的刚体位移时,在下述条件下地基滑移的运动状态符合"圆弧滑动和向下冲剪"的假设。

（1）基础刚体,上部结构和基础底板均有足够的刚度,相当于刚性基础,设置伴侣可增大基础底板的相对高度进而增大基础底板的刚度。

（2）足够摩擦,基础与地基土之间不发生相对的水平刚体运动,当基础埋深较小时,可通过设置伴侣实现基础底板与地基土的咬合。

（3）刺入破坏,避免整体剪切破坏或局部剪切破坏,如果天然地基与基础的刚度指数超出了临界刚度指数,可设置桩伴侣来改变地基破坏形式。

（4）微小转动,基础底板倾斜转动的角度不超过正常使用的限值,不形成长距离的整体滑移线,相对于褥垫层来说,桩伴侣"弹性滑动"的支撑形式更有助于限制底板转动。

注意:微小转动的前提是容许转动,而不是不许转动,作为间接基础的桩基础的构造形式限制了基础底板的转动,因而不符合"圆弧滑动和向下冲剪"假设,如果设置桩伴侣,应采取直接基础的形式,伴侣只是在一定程度上限制转动,桩伴侣中的桩不应与基础底板刚接,需要保持一定的沉降空间。

建筑工程与地基土虽然不同于轮船与水,但轮船是由排开水获取浮力并动态调整船身两侧浮力的差值获取平衡,而直接基础是通过桩伴侣的合理设置提供调整上部结构倾斜后基础的承载力差来纠正或减小倾斜的程度,在一定的范围内,轮船与带桩伴侣的直接基础都具有一定的"自恢复"能力。

2.2.2 直接基础所假设的圆弧滑移线

借鉴轮船船底摆动的圆弧曲线形式,对于基础底板发生相对较小的刚体位移时"圆弧滑动"的滑移线,简化为平面问题时为滑动线,本书假定的直接基础圆弧滑动线见图 2 - 11,为以基础底板宽度 B 为直径的一个半圆,圆心位于基础底板的中心,弧长与图 2 - 5[81]中破坏面（b）即以基础底板宽度 B 为直径的 1/4 圆弧相同,这是在所有基础底板的刚体转动中半径最小的滑动线，也几乎是最短的。

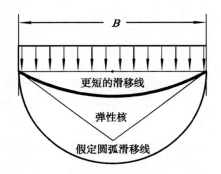

图 2 – 11 假定圆弧滑移线

图 2 – 5[81]中破坏面（a）、（b）均是假设基础底板围绕着底板的某一个边缘转动，这样的假定在发生最终整体倾覆时也许是合理的；而本文假定的滑动线是围绕底板的中心转动，对于研究较小的刚体位移（对应于可接受的建筑物倾斜）则更合理。从附加应力的分布和传统计算地基承载力的弹塑性理论可知，底板的边缘处是应力最大的区域，对于小变形的刚体位移，其位移也应该最大，应将其假设为转动的相对位移最大点，而不应假设为相对的不动点；对于内摩擦角较大的砂土基础，会出现附加应力承载力分布中间大、边缘小的抛物线形分布，这是由于砂土的应变软化发生侧向挤出造成的，会导致底板中心的砂土密度高于底板边缘，根据太沙基地基承载力理论，基础底板的下部存在的"弹性核"，"弹性核"的高度与内摩擦角的有关，"弹性核"为一倒三角形，如果发生转动，也是底板边缘围绕中心转的可能性更大，当然，如果地基土的内摩擦角很大时，将圆弧转动的圆心下移，假设在"弹性核"的内部也许更为合理。

2.2.3 滑移线上土的极限平衡条件

研究平面应变问题，土的极限平衡条件（即平衡状态时应力状态与抗剪强度指标间的关系式）采用土力学概念明确的莫尔库伦破坏理论（参见图 4 – 12）：

$$\tau_f = c + \sigma \tan\varphi \qquad (2-22)$$

式中 τ_f——土的抗剪强度；

$\sigma\tan\varphi$——摩擦强度（正比于法向压力，σ 为法向总应力）；

c ——黏结强度（与所受压力无关）。

土的抗剪强度可以通过室内试验与现场试验测定。由于土的抗剪强度不仅与土的性质有关，还与试验条件、仪器种类和应力状态等因素有关，抗剪强度不是常数；根据有效应力原理，土体内的剪应力是由土的骨架承担，只有有效应力的变化才能引起强度的变化，因此，土的抗剪强度可进一步修正为

$$\tau_f = c' + \sigma\tan\varphi' \qquad\qquad (2-23)$$

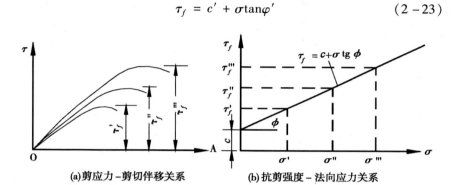

(a)剪应力–剪切伴移关系 　　　(b)抗剪强度–法向应力关系

图 2 – 12　直剪试验曲线

更一般的情况下，可采用莫尔破坏包线：莫尔提出，当任一平面上的剪应力等于材料的抗剪强度时该点就发生破坏，并提出在破坏面上的剪应力与法向应力存在函数关系，即

$$\tau_f = f(\sigma) \qquad\qquad (2-24)$$

在破坏线以下（包线下方）：表示该点处于稳定状态（$\tau < \tau_f$）。

在破坏线上（包线上）：表示该点处于极限平衡状态（$\tau = \tau_f$）。

在破坏线上方（包线上方）：表示该点已经剪切破坏，实际不存在（$\tau > \tau_f$）。

考虑到上部结构荷载对地基土的压密密实作用，还可将土的抗剪强度修正为

$$\tau_{v_f} = c_v + \sigma\tan\varphi v \qquad\qquad (2-25)$$

式中　τ_{v_f} ——考虑上部结构荷载压密密实并修正后土的抗剪强度；

$\sigma\tan\varphi v$ ——考虑上部结构荷载压密密实并修正后的摩擦强度（正比于法向压力）；

c_v ——考虑上部结构荷载压密密实并修正后的黏结强度（与所受压力无关）。

2.2.4 滑移线上土的附加应力

基底压力中扣除基底标高处原有土的自重应力，才是基础底面下真正施加于地基的压力，称为基底附加压力或基底净压力。$p_n = p - \gamma d$。地基中的附加应力计算假定为：半空间无限体假定；连续、均质各向同性的线弹性体假定。应力计算可分为空间问题和平面问题。

（1）法国学者布西奈斯克解解答得到竖向集中力作用下地基附加应力的表达式。如图 2－13 所示，当半极限弹性体表面上作用着竖直集中力 P 时，弹性体内部任意点 M 的 6 个应力分量 σ_x、σ_y、σ_z、$\tau_{xy} = \tau_{yx}$，$\tau_{yz} = \tau_{zy}$，$\tau_{xz} = \tau_{zx}$。

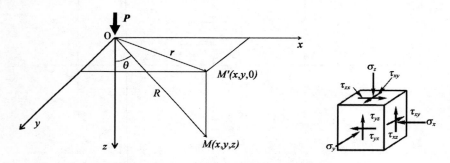

图 2－13　集中荷载作用下地基中的附加应力

由弹性理论求出的表达式为

$$\sigma_z = \frac{3p}{2\pi} \cdot \frac{Z^3}{R^5}$$

$$\sigma_y = \frac{3p}{2\pi} \cdot \left\{ \frac{Y^2 Z}{R^5} + \frac{1 - 2\upsilon}{3} \left[\frac{1}{R(R+Z)} - \frac{(2R+Z)y^2}{(R+Z)^2 R^3} - \frac{z}{R^3} \right] \right\}$$

$$\sigma_x = \frac{3p}{2\pi} \cdot \left\{ \frac{X^2 Z}{R^5} + \frac{1 - 2\upsilon}{3} \left[\frac{1}{R(R+Z)} - \frac{(2R+Z)x^2}{(R+Z)^2 R^3} - \frac{z}{R^3} \right] \right\}$$

$$\tau_{xy} = \frac{3p}{2\pi} \cdot \left[\frac{xyz}{R^5} + \frac{1 - 2\upsilon}{3} \cdot \frac{(2R+z)xy}{(R+z)^2 R^3} \right]$$

$$\tau_{zy} = \frac{3p}{2\pi} \cdot \frac{yz^2}{R^5}$$

$$\tau_{zx} = \frac{3p}{2\pi} \cdot \frac{xz^2}{R^5} \qquad\qquad (2－26)$$

式中　σ_x、σ_y、σ_z——x、y、z 方向的法向应力；

τ_{xy}、τ_{xz}、τ_{zy}——剪应力；

υ——土的泊松比；

R——M 点至坐标原点 O 的距离 $R = \sqrt{x^2 + y^2 + z^2} = \sqrt{r^2 + z^2}$。

（2）理论上，当基础长度 L 与宽度 B 之比，$L/B = \infty$ 时，地基内部的应力状态属于平面问题。实际工程实践中，当 $L/B \geqslant 10$ 时，属于平面问题。

符拉蒙解答得到简化为平面问题的无限长均布线荷载作用下的附加应力计算。

$$\sigma_z = \int_{-\infty}^{+\infty} \frac{3z^3 \cdot p \cdot dy}{2\pi \cdot R^5} = \frac{2pz^3}{\pi(x^2 + z^2)^2} = \frac{2p}{\pi z}\cos^4\theta \qquad (2-27)$$

$$\sigma_x = \frac{2px^2z}{\pi(x^2 + z^2)} = \frac{2p}{\pi z}cos^2\theta \cdot \sin^2\theta \qquad (2-28)$$

$$\tau_{xz} = \tau_{zx} = \frac{2p \cdot x \cdot z^2}{\pi \cdot (x^2 + z^2)^2} = \frac{2p}{\pi \cdot z}\cos^2\theta \cdot \sin\theta \qquad (2-29)$$

$$\sigma_y = \nu(\sigma_x + \sigma_z) \qquad (2-30)$$

（3）条形基底均布荷载作用下地基附加应力。

在公式中，用 pdx 置换 p，然后对 x 从 $-B/2$ 到 $+B/2$ 积分，可求出如下结果

$$\sigma_z = \int_{\theta_2}^{\theta_1} d\sigma_z = \frac{p}{\pi}[\theta_1 + \theta_2 + \sin(\theta_1 + \theta_2)\cos(-\theta_1 + \theta_2)]$$

$$(2-31)$$

$$\sigma_x = \int_{\theta_2}^{\theta_1} d\sigma_x = \frac{p}{\pi}[\theta_1 + \theta_2 - \sin(\theta_1 + \theta_2)\cos(-\theta_1 + \theta_2)]$$

$$(2-32)$$

（4）圆弧滑移线上的附加应力。

在如图 2-14 所示的圆弧滑移线上，有 $\theta_1 + \theta_2 = \pi/2$，由三角形 OAM 的几何关系，还可知 $2\theta_1 + \theta + \pi/2 = \pi$，即 $\theta = \pi/2 - 2\theta_1$。在圆弧滑移线上，有

$$\sigma_z = \frac{p}{2} + \frac{p}{\pi}\cos(\pi/2 - 2\theta_1) = \frac{p}{2} + \frac{p}{\pi}\cos\theta \qquad (2-33)$$

$$\sigma_x = \frac{p}{2} - \frac{p}{\pi}\cos(\pi/2 - 2\theta_1) = \frac{p}{2} - \frac{p}{\pi}\cos\theta \qquad (2-34)$$

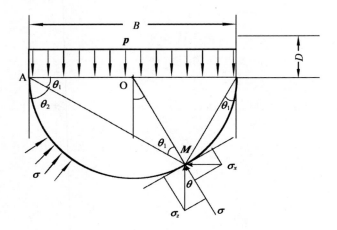

图 2 - 14 圆弧滑移线上的附加应力

根据平面力分解的平行四边形法则，附加应力作用在圆弧滑移线上与滑动线切线相垂直的正应力为

$$\sigma p = \sigma_z \cos\theta + \sigma_x \sin\theta \qquad (2-35)$$

$$= \left(\frac{p}{2} + \frac{p}{\pi}\cos\theta\right)\cos\theta + \left(\frac{p}{2} - \frac{p}{\pi}\cos\theta\right)\sin\theta \qquad (2-36)$$

$$= \frac{p}{2}(\cos\theta + \sin\theta) + \frac{p}{\pi}(\cos^2\theta - \cos\theta \cdot \sin\theta) \qquad (2-37)$$

2.2.5 滑移线上土的剪力对基底中心的抵抗力矩

由式（2 - 22）$\tau_f = c + \sigma\tan\varphi$ ，对滑移线整个曲线积分，可求得滑移线上土的剪力对滑动线圆心（基底中心）的力矩，由于该力矩是用来抵抗各种导致滑动倾覆的外力，所以称为抵抗力矩，用符号 M_R 表示

$$M_R = \frac{B}{2} \cdot \oint_L \tau_f \mathrm{d}s \qquad (2-38)$$

作用在圆弧滑移线上与滑动线切线相垂直的正应力不仅有附加应力产生的正应力 σ_p ，还有基础自重以及基底以上土层重量产生的自重应力 σ_γ ，假设自重应力 σ_γ 在土中的方向都相等，可直接将 σ_p 叠加，即：$\sigma = \sigma_\gamma + \sigma_p$ ，代入式（4 - 22）和式（4 - 38），得

$$M_R = \frac{B}{2} \cdot \oint_L (c + \sigma\tan\varphi)\mathrm{d}s = \frac{B}{2} \cdot \oint_L [c + (\sigma_\gamma + \sigma_p)\tan\varphi]\mathrm{d}s$$

$$(2-39)$$

L 为圆弧，表示为极坐标 $r = \gamma(\theta)$ 的形式时，为 $r = B/2$，则有

$$\mathrm{d}s = \sqrt{r^2 + (r')^2}\,\mathrm{d}\theta = \frac{B}{2}\mathrm{d}\theta \tag{2-40}$$

由对称性，可只对圆弧滑动线的右半部分（$0 < \theta < \pi/2$）积分，整个圆弧滑动线上的积分值为只对圆弧滑动线的右半部分（$0 < \theta < \pi/2$）积分值的 2 倍，分别计算式 4-39 中的各部分，过程如下

$$\frac{B}{2} \cdot \oint_L c\,\mathrm{d}s = 2 \cdot \frac{B^2}{4}\int_0^{\pi/2} c\,\mathrm{d}\theta = \frac{B^2}{4}\pi c \tag{2-41}$$

$$\frac{B}{2} \cdot \oint_L \sigma\gamma\tan\varphi\,\mathrm{d}s = 2 \cdot \frac{B^2}{4}\int_0^{\pi/2}\left(D + \frac{B}{2}\cos\theta\right)\gamma\tan\varphi\,\mathrm{d}\theta$$

$$= 2 \cdot \frac{B^2}{4}\left(\frac{\pi}{2}D + \frac{B}{2}\right)\gamma\tan\varphi = \frac{B^2}{4}(\pi D + B)\gamma\tan\varphi \tag{2-42}$$

$$\frac{B}{2} \cdot \oint_L \sigma p\tan\varphi\,\mathrm{d}s = 2 \cdot \frac{B^2}{4}\int_0^{\pi/2}\Big[\frac{p}{2}(\cos\theta + \sin\theta) +$$

$$\frac{p}{\pi}(\cos^2\theta - \cos\theta \cdot \sin\theta)\Big]\tan\varphi\,d\theta$$

$$= 2 \cdot \frac{B^2}{4}\left(\frac{p}{2} + \frac{p}{2} + \frac{p}{\pi} \cdot \frac{1}{2} \cdot \frac{\pi}{2} - \frac{p}{\pi} \cdot \frac{1}{2}\right)\tan\varphi = \frac{B^2}{4}p\tan\varphi\left(\frac{5}{4} - \frac{1}{2\pi}\right)$$

$$\tag{2-43}$$

将式（2-41）、式（2-42）和式（2-43）代入式（2-39），得

$$M_R = \frac{B^2}{4}\Big[\pi c + (\pi D + B)\gamma\tan\varphi + p\tan\varphi\left(\frac{5}{4} - \frac{1}{2\pi}\right)\Big] \tag{2-44}$$

观察式 2-44 中，可知土的剪力对滑动线圆心（基底中心）的抵抗倾覆的力矩不仅与土的性质黏聚力、摩擦角、基底面积、埋深和土的重度有关，而且与基底作用的附加应力有关，换句话从某种程度上，可以理解为地基土的承载力与所承担的荷载大小（承载量）有关，这是因为附加应力越大，滑动线上土的正应力也越大，土的摩擦强度 $\sigma\tan\varphi$ 也越大，抗剪强度和抵抗力矩相应提高。在抵抗力矩中考虑附加应力，可以全面真实地反映地基土的实际抗剪能力。

2.2.6　矩倾覆力矩和地基基础承载力分析

滑移线上土的剪力对滑移线圆心（基底中心）力矩的方向和大小取决于外部其他力矩之和的方向和大小，定义外部其他力矩之和为总的总倾覆力矩，用符号 M_C 表示，方向与抵抗力矩 M_R 的方向相反，即

$$\sum M = M_C + M_R = 0 \qquad\qquad (2-45)$$

引起倾覆力矩的外部因素包括如下几点。

（1）上部结构荷载本身的偏心，即重心与几何形心不重合，若将上部结构传至基础顶面的竖向力用 F 表示，重心与几何形心（基础底板中心）的距离用 ΔP 表示，则上部结构荷载本身的偏心产生的倾覆力矩之和为 $M_P = F\Delta P$。

（2）上部结构的倾斜，计上部结构基础底板以上的总高度为 H，倾斜变形（宽度与高度的比）量为 ΔH，假设上部结构荷载沿高度均匀分布，则上部结构的倾斜产生的倾覆力矩之和为 $M_H = 1/2 \cdot F \cdot H \cdot \Delta H$。

（3）上部结构受到的水平荷载，包括地震荷载、风荷载等，假设所有的水平荷载作用于上部结构形心，大小为 W，则所有的水平荷载产生的倾覆力矩之和为 $M_w = 1/2 \cdot H \cdot W$。

（4）其他。如人工地基施工质量不均衡、天然地基不均匀、偏心荷载等导致基底承载力不均匀，从而产生附加倾覆力矩；堆土、挖土、两侧埋深、建设内容、旁载条件不同等引起基坑侧壁和基底土压力的不平衡，从而产生附加倾覆力矩等，其他原因引起的附加倾覆力矩之和用 M_O 表示。

设 L 为基础底板的长度（假定为矩形），简化为线荷载的情况，则有单位长度的总倾覆力矩为

$$M_C = (M_P + M_H + M_w + M_O)/L \qquad\qquad (2-46)$$

如果倾覆力矩小于抵抗力矩，即 $|M_C| < |M_R|$，则地基可满足稳定要求。

针对具体工程，如果将倾覆力矩 M_C 精确计算，与以往的滑移线平衡方程一样，也可以由式（2-44）得到满足抗倾覆要求的地基基础极限承载力极为精确的数值，并且能够充分考虑到引起倾覆力矩的各种外部因素。

为了分析本书所假定的"圆弧滑动和向下冲剪"滑移线的地基承载力，简化为线荷载的情况，基础底面处单位长度的平均压力值为 p，则有 $p = F/(BL)$，即 $F = pBL$。

定义等效偏心距 $\Delta F = M_C L/F$，ΔF 的含义是将引起倾覆力矩的所有外部因素归结为上部荷载的偏心距，则有 $M_C = F\Delta F/L$，倾覆力矩应小

于抵抗力矩，即 $|M_C| < |M_R|$ ，则有

$$M_C = F\Delta F/L = pB\Delta F < M_R =$$

$$\frac{B^2}{4}\Big[\pi c + (\pi D + B)\gamma\tan\varphi + p\tan\varphi\Big(\frac{5}{4} - \frac{1}{2\pi}\Big)\Big] \qquad (2-47)$$

即：$\dfrac{4\Delta F}{B}p < \pi c + (\pi D + B)\gamma\tan\varphi + p\tan\varphi(\frac{5}{4} - \frac{1}{2\pi})$ $\qquad (2-48)$

上式可变换为：$p < \dfrac{\pi c + (\pi D + B)\gamma\tan\varphi}{\dfrac{4\Delta F}{B} - 1.09\tan\varphi}$ $\qquad (2-49)$

或：$\dfrac{\Delta F}{B} < \dfrac{\pi c + (\pi D + B)\gamma\tan\varphi}{4p} + 0.2727\tan\varphi$ $\qquad (2-50)$

式 2 - 50 表明，当 $\Delta F/B \leq 0.2727\tan\varphi$ 时，或者 $\Delta F/B$ 在 $0.2727\tan\varphi$ 附近时，则无论多大的上部荷载，也不会发生倾覆。$\Delta F/B$ 可定义为相对等效偏心，或简称等效偏心，这种综合考虑上部荷载作用和倾覆偏心评价地基承载力的方法可称为"等效偏心法"。

2.3　"等效偏心法"与其他承载力计算方法的对比

对比方法 1：基于刚塑性极限平衡理论和对数螺旋假设的太沙基的传统承载力表，极限值为 f_{u_1}，除以安全系数 2 后的特征值为 f_1；

对比方法 2：《建筑地基基础设计规范[77]》，当偏心距 e 小于或等于 0.033 倍基础底面宽度时，根据土的抗剪强度指标确定地基承载力特征值为 f_2，乘以安全系数后的极限值为 f_{u_2}，该方法是弹塑性理论模型限制塑性开展范围的解；

对比方法 3：《北京地区建筑地基基础勘察设计规范[122]》，根据其等效抗剪强度的计算公式，极限值为 f_{u_3}，除以安全系数 2 后的特征值为 f_3，该方法以某一深度的"平均初始有效侧限压力"粗略并偏于保守地考虑了附加应力对承载力的贡献；

对比方法 4：张钦喜、李继红[123]的方法，极限值为 f_{u_4}，除以安全系数 2 后的特征值为 f_4，该方法通过假定一系列圆心在基底的圆弧形滑动面，根据安全稳定系数最小确定出圆心在基底边缘时的圆弧面为地基整体失稳时的最危险滑动面（即陈惠发[81]的破坏面 a），主要考虑了非

黏性土土重对滑动面上土剪力的贡献，也考虑了基底以上土的剪力对抵抗滑移的贡献，但没有考虑附加应力对滑动面上土剪力的贡献，而由于圆弧滑移线与对数螺旋滑移线相比相对较短，所以该方法得到的承载力值相对较低。

各对比方法的承载力与对应的相对等效偏心 $\Delta F/B$ 以及由 $\Delta F/B$ 评价承载力的计算结果及其修正值见表 2-1。从表 2-1 的对比计算可以看出，对比方法 1 特征值和极限值所对应的相对等效偏心 $\Delta F/B$，特征值在 0.182（工况 3）~0.196（工况 5），极限值在 0.129（工况 7）~0.176（工况 5），且其余 5 个工况的极限值在更小范围的 0.152~0.157；其余各对比方法特征值和极限值所对应的相对等效偏心 $\Delta F/B$ 也都在一定的范围内。总的来说，承载力越高，则对应的相对等效偏心 $\Delta F/B$ 就越小，反之亦然。

表 2-1　地基承载力与相对等效偏心 $\Delta F/B$

计算工况及其参数	方法	对比方法承载力（kPa）所对应的相对等效偏心 $\Delta F/B$		不同相对等效偏心 $\Delta F/B$ 得到的承载力/kPa		不同相对等效偏心 $\Delta F/B$ 得到的修正后的承载力/kPa		
		承载力	$\Delta F/B$	$\Delta F/B$	承载力	$B \leqslant 6m$	c, φ 同时修正	B, c, φ 同时修正
工况 1 $B=2m$ $D=10m$ $c=43kPa$ $\varphi=24°$	f_1	1469	0.194	0.22	1076	——	509	—
	f_2	1083	0.219	0.21	1197	—	548	—
	f_3	743	0.264	0.2	1349	—	594	—
	f_4	638	0.288	0.19	1545	—	649	—
	f_{u1}	2938	0.157	0.18	1808	—	714	—
	f_{u2}	2166	0.170	0.17	2179	—	794	—
	f_{u3}	1486	0.193	0.16	2741	—	894	—
	f_{u4}	1276	0.205	0.15	3695	—	1024	—
工况 2 $B=10m$ $D=10m$ $c=43kPa$ $\varphi=24°$	f_1	1845	0.188	0.22	1251	1163	592	550
	f_2	1147	0.229	0.21	1392	1295	638	593
	f_3	848	0.267	0.2	1569	1459	691	643
	f_4	584	0.333	0.19	1797	1671	755	702
	f_{u1}	3690	0.155	0.18	2103	1956	831	772
	f_{u2}	2294	0.175	0.17	2535	2357	924	859
	f_{u3}	1696	0.194	0.16	3189	2965	1041	967
	f_{u4}	1168	0.227	0.15	4299	3997	1191	1107

续表

计算工况及其参数	方法	对比方法承载力（kPa）所对应的相对等效偏心 ΔF/B		不同相对等效偏心 ΔF/B 得到的承载力/kPa		不同相对等效偏心 ΔF/B 得到的修正后的承载力/kPa		
		承载力	ΔF/B	ΔF/B	承载力	$B \leqslant 6m$	c, φ 同时修正	B, c, φ 同时修正
工况 3 $B=15m$ $D=2m$ $c=43kPa$ $\varphi=24°$	f_1	1312	0.182	0.22	809	612	383	289
	f_2	528	0.273	0.21	901	681	412	312
	f_3	476	0.289	0.2	1015	767	447	338
	f_4	582	0.259	0.19	1163	879	488	369
	f_{u1}	2624	0.152	0.18	1360	1028	537	406
	f_{u2}	1056	0.197	0.17	1639	1239	598	452
	f_{u3}	952	0.205	0.16	2063	1559	673	509
	f_{u4}	1164	0.190	0.15	2780	2101	770	582
工况 4 $B=15m$ $D=10m$ $c=43kPa$ $\varphi=24°$	f_1	2080	0.186	0.22	1361	1163	644	550
	f_2	1147	0.239	0.21	1515	1295	694	593
	f_3	914	0.268	0.2	1707	1459	752	643
	f_4	749	0.301	0.19	1955	1671	821	702
	f_{u1}	4160	0.154	0.18	2288	1956	904	772
	f_{u2}	2294	0.180	0.17	2757	2357	1005	859
	f_{u3}	1828	0.195	0.16	3469	2965	1132	967
	f_{u4}	1498	0.211	0.15	4676	3997	1296	1107
工况 5 $B=15m$ $D=10m$ $c=15kPa$ $\varphi=30°$	f_1	3720	0.196	0.22	2267	1864	824	677
	f_2	1372	0.261	0.21	2697	2217	902	741
	f_3	1019	0.297	0.2	3327	2735	997	819
	f_4	720	0.355	0.19	4342	3570	1114	916
	f_{u1}	7440	0.176	0.18	6249	5138	1262	1037
	f_{u2}	2744	0.209	0.17	11144	9161	1455	1196
	f_{u3}	2038	0.227	0.16	51397	42253	1719	1413
	f_{u4}	1440	0.256	0.15	∞	∞	2100	1726

计算工况及其参数	方法	对比方法承载力（kPa）所对应的相对等效偏心 $\Delta F/B$		不同相对等效偏心 $\Delta F/B$ 得到的承载力/kPa		不同相对等效偏心 $\Delta F/B$ 得到的修正后的承载力/kPa		
		承载力	$\Delta F/B$	$\Delta F/B$	承载力	$B \leqslant 6m$	c，φ 同时修正	B，c，φ 同时修正
工况 6 $B=15m$ $D=10m$ $c=30kPa$ $\varphi=23.8°$	f_1	1903	0.185	0.22	1234	1040	587	495
	f_2	1041	0.239	0.21	1371	1156	632	533
	f_3	854	0.265	0.2	1543	1301	685	578
	f_4	647	0.311	0.19	1764	1487	748	630
	f_{u1}	3806	0.153	0.18	2058	1735	822	693
	f_{u2}	2082	0.179	0.17	2471	2083	914	770
	f_{u3}	1708	0.192	0.16	3091	2606	1028	867
	f_{u4}	1294	0.215	0.15	4125	3478	1175	991
工况 7 $B=15m$ $D=10m$ $c=30kPa$ $\varphi=15°$	f_1	752	0.185	0.22	572	492	327	282
	f_2	642	0.204	0.21	614	528	348	299
	f_3	617	0.209	0.2	662	570	371	319
	f_4	479	0.249	0.19	719	618	397	341
	f_{u1}	1504	0.129	0.18	786	676	427	367
	f_{u2}	1284	0.139	0.17	867	746	462	398
	f_{u3}	1234	0.141	0.16	967	832	504	433
	f_{u4}	958	0.161	0.15	1092	940	553	476

也可以说，如果相对等效偏心 $\Delta F/B$ 较大，则地基承载力的评价结果就越小，地基承载力并不仅仅取决于土体性质、基础宽度、埋深等因素，而且与相对等效偏心 $\Delta F/B$ 有很大的关系。可以用 2.4 节百米高楼与几米高实心墩子的例子来理解，百米高楼的重心高，相同竖向荷载偏心所引起的相对等效偏心 $\Delta F/B$ 也大，因此地基承载力的评价结果就小；而几米高的实心墩子相对等效偏心 $\Delta F/B$ 很小，地基承载力就可以评价得高一些。

进一步分析，各种地基承载力的计算结果，大体上与某一个范围的相对等效偏心 $\Delta F/B$ 对应，从这个角度来理解，每一个地基承载力的计算方法，都只是本文提出的等效偏心法的一个特例。之所以相对等效偏心 $\Delta F/B$ 的范围存在波动，是因为上述方法都不是直接的精确解，而是进行了简化运算或结合了工程经验；有些工况导致波动的幅度较大，是因为其计算方法对该工况进行了一些修正。

等效偏心法也可进行类似的修正，主要可从基底宽度和土体性质两方面进行。由于基础底板无法做到绝对刚性，可限定宽度大于 6m 基础底板的以 6m 计算；还可模仿局部剪切破坏的修正方法，分别以 c^* 和 φ^* 代替 c 和 φ，即 $c^* = 2/3c$，$\varphi^* = \tan^{-1}(2/3\tan\varphi)$，或 $\tan\varphi^* = 2/3\tan\varphi$。修正前后的由相对等效偏心 $\Delta F/B$ 得到的承载力见表 4 - 1 的右边。

从表 2 - 1 可以看出，经过基础宽度 B、c、φ 修正后，以等效偏心法评价的地基承载力时，同一相对等效偏心 $\Delta F/B$ 所对应的承载力数值均不同程度地降低，摩擦角 φ 较大时影响最大，其次是宽度 B 和黏聚力 c，总的来说，四种对比方法计算所得到的大多数承载力标准值和极限值，在相对等效偏心 $\Delta F/B$ 在 0.15～0.22 的范围内由等效偏心法评价地基承载力的数值内。例如与传统太沙基的对比方法 1 比较，当综合考虑仅宽度修正或不修正的两种情况时，可以大致认为在静力荷载下太沙基公式的极限承载力所对应的相对等效偏心 $\Delta F/B$ 在 0.154 左右，而承载力标准值所对应的相对等效偏心 $\Delta F/B$ 在 0.188 左右，也就是说，当采用等效偏心法评价地基承载力时，相对等效偏心 $\Delta F/B$ 在 0.154 左右时就可以得到太沙基公式的极限承载力，相对等效偏心 $\Delta F/B$ 在 0.188 左右时就可以得到太沙基公式的承载力特征值，太沙基和传统的地基承载力计算方法都只是等效偏心法的一个特例。

进一步地，如果实际工程的相对等效偏心 $\Delta F/B$ 超出了上述范围，例如体形非常均匀、符合概念抗震却又实际受到的地震等水平荷载很小的建筑，其相对等效偏心 $\Delta F/B$ 很小，那么其地基承载力的评价值就可以大幅度提高，传统的计算方法都可能非常保守；而对于相反的情况，例如建筑造型标新立异、严重偏心、不符合概念抗震却又遇到了大地震的水平荷载、地基土不均匀、地下室单侧掩埋遭遇压力差等情况，其相对等效偏心 $\Delta F/B$ 很大，则其地基承载力的评价值必须大幅度地降低，否则可能因地基安全度不足而导致工程事故。当然，如果偏心很大，可能已经由地基承载力问题转换为倾覆问题。

近百年来，土力学沿袭的地基承载力概念一直困扰着岩土工程界，以承载力理论为代表保守倾向[69,70]束缚着岩土工程的创新，也许本书提出的等效偏心法给出了正确的理解方式，也是对各种按照沉降量控制进行地基基础设计方法的最好注解。

注意到等效偏心法的推导过程中，对于附加应力的计算采用了平面问题的无限长均布线荷载作用下的符拉蒙解答，但当上部结构与地基基础的组成体系发生偏心后，传递到基底的荷载与基底压力都不是均匀的，因此，等效偏心法存在着系统误差，该误差随着相对等效偏心 $\Delta F/B$ 的增大而增大。由于地基承载力极限值所对应的相对等效偏心 $\Delta F/B$ 比地基承载力标准值要小，因此，为减小系统误差的影响，应用等效偏心法评价地基承载力时，可能仍然需要先确定地基承载力极限值，再按照一定的安全系数确定地基承载力特征值，而直接按照较大相对等效偏心 $\Delta F/B$ 确定地基承载力标准值的系统误差可能更大。

在按照式 $M_C = (M_P + M_H + M_w + M_O)/L$ 计算倾覆力矩时，上部结构荷载本身的偏心产生的倾覆力矩之和 $M_P = F\Delta P$ 与上部结构的倾斜产生的倾覆力矩之和 $M_H = 1/2 \cdot F \cdot H \cdot \Delta H$ 的计算比较容易，其他原因引起的附加倾覆力矩需要考虑到工程建设和使用各阶段情况，水平荷载产生的倾覆力矩中如何考虑的地震水平加速度是个难点，如果按照底部剪力法可能偏于保守，需要进一步地研究。

2.4　桩伴侣"止沉"与"止转"的计算思路和基桩设置的讨论

2.4.1　桩伴侣"止沉"验算的计算思路

笔者最早在 2009 年第三届全国岩土学术大会报告和会议论文集《带伴侣的桩极限承载力初探[9]》一文中提出"止沉"一词，即：采取一定的构造措施，使土先于土中的桩承受上部竖向荷载，在建筑物建造早期，沉降表现为冲剪破坏的特征，沉降值也很大，当沉降到达一定程度，土也充分得到上部静力荷载的密实，桩逐渐开始发挥作用，迅速"止沉"，这样，在整个项目周期，地基沉降在施工阶段完成一大部分，装修或设备调试阶段全部完成，后期使用阶段几乎无沉降，就可以既省钱又不影响正常使用。

简言之，"止沉"就是可收敛的沉降，文献［9］大胆提出了带伴侣的桩理论承载力-沉降量曲线假设（图 2 - 15），当桩顶预留沉降空间较大时，初始沉降很大，如果按照常规的规范，可以判定为地基已经失效。在图 2 - 15 所示的 A 点以前（上），可以看作是地基土的预压阶段，在预压阶段，上部荷载相当于预压的堆载，将地基土充分密实，承载力得到提高。在 A 点以后（下），带伴侣桩的承载力 - 沉降量曲线与单独的桩类似，荷载由桩传递到下部土层，下部土层提供了桩身的摩阻力和桩端的端层力，此时，带伴侣桩的极限承载力可取为图 2 - 15 中的 B 点。而当采用预留空间小的施工工艺时，在静载荷试验非常精确的情况下，也会出现地基的变形模量收敛的现象，桩伴侣对于极限承载力的贡献取决于桩顶预留沉降空间的大小。

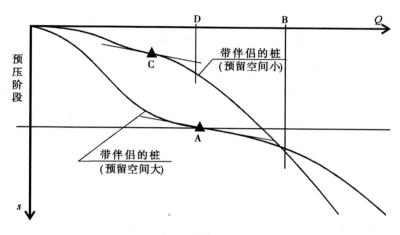

图 2 - 15 带伴侣的桩理论承载力 - 沉降量曲线

如图 2 - 16 所示的承载力 - 沉降量曲线对比，当桩顶预留沉降空间小的时，带伴侣桩的承载力 - 沉降量曲线与带褥垫层的刚性桩复合地基接近，同时由于桩伴侣的贡献，带伴侣桩的曲线处于带褥垫层的刚性桩复合地基的上方。

等效偏心法可用于按照"止沉"理念进行设计的建筑工程施工的全过程的承载力验算。在产生倾覆力矩的因素中，通常影响较大的是上部结构荷载本身的偏心、上部结构的倾斜以及风荷载，而上述因素都与建筑的高度密切相关。在施工过程中，当建设的高度较低时，相对等效偏心 $\Delta F/B$ 就比较小，地基承载力的评价值也比较高（参见表 2 - 1）。于是在满足施工阶段地基承载力的前提下，可将桩顶预留沉降空间设置

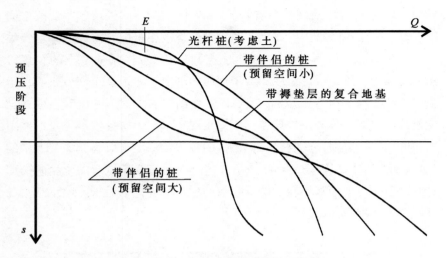

图 2 – 16　承载力 – 沉降量曲线对比图

的大一些，使基桩的受力滞后，作用于天然地基上的附加应力较大将增大沉降，促进上层地基土的压缩。随着建筑高度的增加，地基承载力评价值降低，超载和新增的荷载逐渐通过刚性桩传递到下层地基土，沉降趋于稳定。

2.4.2　桩伴侣"止转"控制的计算思路

基于前文 2.1.4.4 节对滑移线和轮船抗倾覆的讨论，以及等效偏心法"圆弧滑动和向下冲剪"的假设，地基承载力的问题转化为较小的刚体位移的滑移或微小转动的倾覆问题，当天然地基无法满足要求，设置桩伴侣可对滑移的距离或倾覆的角度进行限制，使转动可控，与"止沉"类似，"止转"就是可收敛的转动，"止转"是通过通过"止沉"来实现的，或者说通过特定部位的"止沉"可实现"止转"。

桩伴侣"止转"计算的关键和难点是桩伴侣中竖向增强体所提供的抵挡倾覆力矩的确认和计算，参看图 2 – 17 的计算简图，可按照下述原则进行计算：

（1）第一类桩，单位长度内数量为 n_1，桩长 l 在滑移线的范围内，或者桩长在滑移线以下的部位小于总桩长的 1/3，或者桩位于等效偏心距 ΔF 的异侧，则不得用于计算"止转"力矩，但可适当计入增加天然地基土的摩擦角和黏聚力。

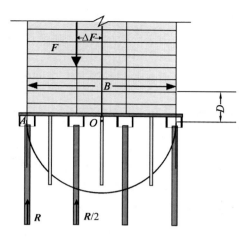

图 2 − 17　桩伴侣"止转"示意

（2）第二类桩，单位长度内数量为 n_2，桩长在滑移线以下的部位大于总桩长的 1/3，但小于总桩长的 2/3，则可将桩的竖向极限承载力 R_u 考虑一半计算"止转"力矩。

（3）第三类桩，单位长度内数量为 n_3，桩长在滑移线以下的部位大于总桩长的 2/3，可按照桩的竖向极限承载力 R_u 计算"止转"力矩。

（4）所有经过滑移线的桩，均可将桩断面的抗剪强度计入适当抵抗力矩，设桩身截面面积为：A_{ps}，桩身材料的抗剪强度为 f_t，由于通常为脆性材料，可以抗拉强度 f_t 代替；单位长度内桩的数量为 n，则桩身的抵抗力矩为 $nf_tA_{ps}B/2$。

（5）长细比较小的嵌岩端承桩，可以按照增大"止转"力矩的原则适当提高桩的分类标准和桩极限承载力的利用程度；反之，长细比较大的纯摩擦桩，可以按照降低"止转"力矩的原则适当降低桩的分类标准和桩极限承载力的利用程度。

对于第二、第三类桩，设 X_i 为桩与基础底板中心的距离，竖向极限承载力 R_{ui}，则竖向极限承载力对滑移线圆心的"止转"力矩 M_v 合计为

$$M_v = \sum_1^{n2} R_{ui}X_i/2 + \sum_1^{n3} R_{ui}X_i \qquad (2-51)$$

桩伴侣"止沉"与"止转"还有另外一种计算思路，可以首先将基础底面处单位长度的平均压力值 p 或将上部结构传至基础顶面的竖向

力 F 扣除所有桩的承载力再进行验算，但不能取桩承载力的极限值，只能取桩承载力的标准值，甚至更低，当然，这取决与桩顶与基础底板之间预留沉降空间的状况，后文将讨论与基桩承载力与天然地基承载力发挥程度有关的桩伴侣竖向承载力的计算和安全度的评价。

2.4.3 直接基础中基桩设置的探讨

（1）柔性桩的设置。

柔性桩的刚度与天然地基相对接近，比较容易与天然地基"复合"，形成复合地基，复合地基主要是提高了天然地基土的摩擦角和粘聚力，设置柔性桩主要是用来改善地基土的性质，当采用等效偏心法评价设置柔性桩的复合地基承载力时，因为柔性桩的承载力较低，不建议采用公式（2-51）计算止转力矩，而是应当按照置换率将柔性桩的材料掺入天然地基中进行土工试验得到混合材料的粘聚力和摩擦角值，这样计算得到的是真正意义上的桩土复合（混合）的"复合地基"，再乘以一个小于1的修正系数，就是桩土不完全混合的常规的复合地基的承载力。

柔性桩的长度可略大于 $B/2$，即基础底板宽度的一半将滑移线包住即可，如果软弱土层厚度较大，则柔性桩的长度可大一些。

（2）刚性桩的设置。

如果建筑师尊重抗震概念设计的客观规律，设计的建筑体型均匀，不标新立异，例如迪拜塔，则该建筑的相对等效偏心 $\Delta F/B$ 很小，地基承载力的评价值也很高，可能天然地基的承载力就能够满足要求，但会因土中附加应力大而导致沉降量过大，且精确计算该沉降量难度也很大，则可以设置桩伴侣来"减沉"，但设置桩伴侣的减沉不同于复合桩基的减沉，桩伴侣须设置为直接基础的形式，即桩顶与基础底板之间应有足够的预留沉降空间，当沉降量达到一个较大的预设值以后，再发挥刚性桩沉降小的特点，迅速"止沉"。

从式（2-51）中，可以看到中桩对于"止转"力矩的贡献很小，中桩的作用主要体现在调平地基基础沉降，减小筏板的内力，另外也使得滑移线的形式更加符合本书基于刚体微小运动所假设的圆弧滑移线。为了既能达到调平沉降的目的又能减小中桩的数量，可减小中桩桩顶与基础底板的预留沉降空间，甚至使中桩桩顶与基础底板直接接触。

　　但无论任何时候，都不仅不能弱化边桩、角桩，反而应该加强边桩、角桩，即增大边桩、角桩的长度、直径、刚度等，但越是加强边桩、角桩，就越需要增大边桩、角桩的桩顶与基础底板的预留沉降空间。

　　本书提出的等效偏心法仅适用于直接基础（推导过程假设为条形基础，对于其他如矩形、圆形等形状的基础需要进行修正），特别是有桩伴侣的直接基础，而桩顶与基础底板直接接触的间接基础（桩基础）不能用本书提出的等效偏心法评价其地基承载力，当然间接基础也很难利用上部地基土的承载力。

第三章　间接基础存在的问题和引入"伴侣"的改进

一般而言，除了类似于桩底沉渣的纵向预应变桩[66,67]等特殊情况，桩基础就是典型的间接基础，特别是端承桩，或端承摩擦桩，以刚度与土相差几个数量级的竖向增强体，穿越上部软弱持力层，将上部荷载逐渐传递到下部坚硬持力层。如无特别说明，本书所述的"间接基础"特指刚性"桩基础"。

3.1　间接基础的优点和缺点

3.1.1　间接基础的优点

一是上部荷载传递到下部好土层，传递路线明确；

二是计算相对简单，基本上可近似按照线弹性模式取用桩的容许承载力；

三是沉降量小（也可理解为承载力高）；

四是能承受上拔力等特点；

五是具有一定的承受水平荷载的能力；

六是当计算的承载能力不满足要求时，可直接加大长度断面材料强度解决；

七是布置灵活，可结合土层分布优化选择适应的持力层和桩长；

等等。

3.1.2　间接基础的缺点

事物总是一分为二的，本书认为，多数情况下间接基础的缺点大于优点。

3.1.2.1　上部天然地基土承压能力难以利用

传统的设计方法认为对于桩基础，荷载全部由桩承担，承台底地基土不分担荷载，这种考虑虽然可能会偏于安全和保守，但无疑是正确的。

一些研究和现场实测表明：对于摩擦型桩基，承台下的桩间土能够参与承担部分外荷载。承载的比例随桩群的几何特征变比，从百分之十几直至百分之五十以上。何颐华、金宝森[124]通过某采用箱形基础加摩擦群桩高层建筑的原体工程实测和室内模型试验，揭示了桩土共同作用的机理，试验结果表明，桩和桩间土共同承担建筑总荷载，其中桩分担建筑物荷载的80%，而桩间土约分担建筑物荷载的20%。文献［124］测试的数据显示，当建筑物施工到20层时，地基承载力仅有60kPa左右，这说明，即使是采用摩擦型桩基，天然地基承载能力的发挥也很滞后。

只有在应用单桩承载力很低的、较短的摩擦型桩基时，地基土才能够在准永久值荷载下发挥有限的承载能力，从而在一定程度上克服间接基础的缺陷、接近于直接基础的承载特性。

3.1.2.2　桩先于地基土趋向于极限状态

2000年，高大钊教授在《21世纪高层建筑基础工程》一书中发表了《高层建筑桩基础的安全度与可靠性评价》一文[280]。在高教授的文章中，通过对沉降控制复合桩基安全度的分析，指出复合桩基安全度的变化规律，提出以下问题：

为什么桩先于地基土趋向于极限状态？在什么条件下可能出现相反的趋势？

对于"为什么桩先于地基土趋向于极限状态"的问题可由宰金珉教授提出的"塑性支承桩——卸荷减沉桩"[245,281]概念来完整理解：复合桩基设计理论的核心概念[282]就是人为地令单桩工作荷载 P 接近或等于单桩的极限荷载 P_u，也正是由于群桩中单桩工作至接近其极限状态，才使得桩与承台最终有明确的承载分担。

张世民、张忠苗、魏新江、郑阅等[283]也提出极限应力法计算复合桩基沉降，假定刚性桩承载力发挥到接近其极限承载力，从而可方便地确定桩土应力比 n，解决修正应力法的难题。

对于"为什么桩先于地基土趋向于极限状态"的原因，笔者认为：这是由于桩（作用于——下部持力层）与上层地基土（对应的也可称为——上部持力层）到达极限状态时，两者所需达到的沉降量不同造成，上部持力层到达极限状态的沉降值比桩到达极限状态的沉降值大得多。在外力的作用下，地基基础发生沉降，较小的沉降量就使桩进入承载力极限状态，成为"塑性支承"；进一步施加外部作用，沉降继续加大，导致上层地基土后进入进入极限状态，产生类似于浅基础的整体剪切或局部剪切破坏，地基基础彻底破坏。

考虑到建筑工程施工和使用的加载时序，上部荷载逐渐增加并趋于稳定，桩先于地基土趋向于极限状态虽然有助于减小前期沉降，但增大了后期沉降不可控的概率；高大钊教授提出的相反趋势即地基土先于桩趋向于极限状态虽然会增大施工前期的沉降，但对于后期使用阶段的沉降却能够较好地控制，只有进行创新将间接基础改变为直接基础，才能出现相反的趋势。

3.1.2.3 "负摩阻力"的不利影响难以消除

在桩顶荷载作用下，桩相对周围土体产生向下的位移，因而土对桩侧产生向上的摩擦力，称之为正摩擦力。桩周围的土体由于某些原因发生压缩或变形量大于相应深度处桩的下沉量，则土体对桩产生向下的摩擦力。此种摩擦力相当于在桩上施加下拉荷载，称之负摩擦力，也称为负摩阻力。桩周负摩阻力非但不能为承担上部荷载作出贡献，反而要产生作用于桩侧的下拉力，而造成桩端地基的屈服或破坏、桩身破坏、结构物不均匀沉降等影响。产生负摩阻力的原因有以下几种情况[125~127]。

（1）桩穿过欠密实、欠固结的软黏土或新填土，由于这些土层在自重作用下产生新的压缩固结，产生对桩身侧面的负摩擦力。

（2）在桩周软土的表面有大面积堆载或新填土（桥头路堤填土），使桩周的土层产生压缩变形。

（3）无节制地抽取地下水以及工程建设施工疏排水等，使地下水位下降，土体有效应力增加，必将会导致土体附加沉陷，从而对影响范围内的桩基产生负摩阻力。

（4）桩数很多的密集群桩打桩时，使桩周土产生很大的总压力和附加超静水压力，地面升高，打桩停止后桩周土超静水压力消散、再固结引起下沉，例如静压高强预应力混凝土管桩（PHC）的滥用极易引起负摩阻力。

（5）在湿陷性黄土[131]、非饱和吹填土、冻土中的桩基，因浸水湿陷、冻土融化产生地面下沉。

（6）深基坑开挖将导致土体应力释放而产生释放变形，在坑周导致的地面下沉作用在相邻建筑物桩基上可能产生负摩阻力；另外，超深基坑开挖导致土体的深层位移等也将产生负摩阻力。

（7）地下工程[128]：城市中地下如地下铁道、地下街、地下商场和地下污水合流工程等，由于这类工程往往是在浅层地下掘进进行的，开挖工作面不稳定造成的土体损失、土体应力释放及扰动土体重新固结，将会造成地面土体大量级变形，也可能会对上部或相邻建筑物桩基产生附加力，即负摩阻力。

（8）相邻建筑物自重悬殊等引起的附加沉陷也将会对相邻建筑物桩基产生负摩阻力[129]。

（9）液化性土层在外动力作用下发生液化，导致地面沉陷而产生负摩阻力[130]。

（10）溶洞塌陷、土洞塌陷等造成的上部土体沉降而产生的负摩阻力问题。

（11）可压缩性土经受持续荷载，引起地基土沉降；等等。

自从太沙基和佩克提出"负摩擦力"这一概念以来[131]，国内外研究人员在研究桩基负摩阻力方面进行了大量的工作[132,136]。不过，研究的目的更多地是寻求计算负摩阻力的方法[133,134]，而对与负摩阻力直接相关的基本成因、主导影响因素、负摩阻力的实质等诸多理论问题都还未能给出令人满意的解答。一般认为，桩侧负摩阻力的强度与桩基沉降及桩侧土质压缩沉降、沉降速率、稳定历时等因素有关，且具有时间效应。桩周土体的物理性质、桩周土体相对于桩的有效沉降、桩周土体的沉降速度、桩的倾斜度以及桩与周围土体的接触类型等都对其负摩阻力有相当重要的影响[135]。桩侧土与桩的黏着力和桩表面负摩阻力的大小取决于土的抗剪强度，地基土的沉降速率越大，负摩阻力值亦越大。这是由于负摩阻力实质上是土的抗剪强度，而它是随剪切速率提高而增大的。同时，负摩阻力的发生和发展经历着一个缓慢的时间过程，这是由土的固结沉降特性决定的。一般初期发展较快，而要达到稳定值却很慢，固结土层越厚，时间过程越长。

本书认为，负摩阻力恰恰反映了间接基础的工程特性。设置间接基础的目的本身就是为了将荷载传递到下部，并不依靠上层地基土的承载力，甚至一般建筑结构承台的构造，基础底板仅设置隔水板，为了防止隔水板受力，下面还要专门铺些松散的材料。对于端承桩和端承摩擦桩，负摩阻力越大，说明端承的效果越好，说明下部地基土已将桩端和桩身下部一定区域牢牢嵌固，倘若没有负摩阻力，则有可能是因为桩端沉渣、桩身缩颈等基桩施工质量造成的，或者是桩身太光滑影响了侧阻发挥。

3.1.2.4　荷载-沉降曲线突变、陡降、非渐进破坏

前文在间接基础的优点中，是将此"缺点"归纳为如下两条"优点"的：①计算相对简单，基本上可近似按照线弹性模式取用桩的容许承载力；②沉降量小（也可理解为承载力高）。

但是，正是因为间接基础的荷载-沉降特性有明显的线性与非线性阶段，却增大了因设计安全系数不足、后期使用中周边环境的改变而导致使用阶段的的建筑地基发生突变沉降的概率。例如：2012年3月14日，荆楚网[137]、网易新闻[138]、热线房产网[139]上传来了"六层住宅楼整体下沉，某某小区出现"楼歪歪"的消息："夜色中，整栋楼轰然下沉"。部分内容摘录如下：

有业主向记者讲述了两个月前那惊心动魄的一幕。刘老先生说，1月6日晚上8点10分左右，他和老伴刚吃完晚饭，突然听到耳边传来轰隆隆几声闷雷样的巨响；随后，房子开始晃动。继而，房子几面内墙就像被划开一样，顿时出现了数道裂纹。"是地震了，还是煤气罐爆炸了？"他来不及多想，拉着老伴就朝楼下狂奔，边跑边大喊："快跑啊！快跑啊！"一到楼下，就见院子里已站满了人。大家惊慌失措，议论纷纷。仔细一观察，大家惊奇地发现，楼前原先空悬了十几厘米的台阶，竟已合拢了。大家这才意识到：是楼房出问题了！

该工程通过了质量验收并使用，说明设计成功，基础形式为采用沉管灌注桩的间接基础，基桩承担了大部分上部荷载，施工阶段和初始使

用阶段的沉降量估计也很小，但在因某种导致基桩达到极限破坏后，由于荷载增量的突然性，地基土无法发挥安全储备的作用，而是瞬间沉降十几厘米。桩间土的承载力只有在桩进入非线性阶段才能比较明显的发挥作用，因此当采用传统桩基础的构造形式又想利用天然地基的承载力时，必须保证非突变的、渐进性的破坏状态。虽然这在一些群桩模型试验的 $P\text{-}s$ 曲线中得到了证实，但模型试验缩小了桩的尺寸，特别是桩的长度仅有 $0.5\mathrm{m}$[254]、$2\mathrm{m}$（何颐华等[257]，1991；刘冬林、郑刚、刘金砺等[258]，1991）、$4.5\mathrm{m}$[259]，桩所处的位置类似于图 $3-1$[260] 所示的 A 点，而在实际工程中，提供和促进桩承载力发挥的位置是在有足够埋深和较大围压 σ_3 的 B 点。

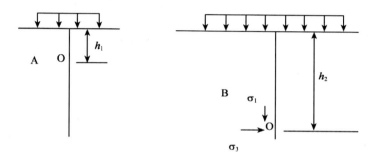

图 $3-1$[260]   相同垂直附加应力点的不同应力水平

葛忻声、白晓红、龚晓南[261]基于一个应用复合桩基的高层建筑的工程实例，通过有限元对其整体建筑进行了随楼层荷载增加的三维非线性数值模拟，分析结果表明沿深度，在（$5d \sim 10d$）（d 为桩体直径，$d = 0.6\mathrm{m}$，$5d \sim 10d$ 即 $3 \sim 6\mathrm{m}$）段内，侧摩阻力的值很小；在（$10d \sim 35d$）内，侧摩阻力非线性递增；在（$35d \sim 50d$）内，侧摩阻力大幅度增加，而且桩下部的摩阻力远远大于上部的。因此认为桩体的承载力计算时不能考虑浅层（$5d \sim 10d$）段内的摩阻力。

贺武斌、贾军刚、白晓红、谢康和[262]四桩群桩的现场等比例实测数据（如图 $3-2$ 所示）也证实 $4 \sim 6\mathrm{m}$（方桩边长 $0.4\mathrm{m}$，相当于 $10d \sim 15d$）深度范围桩身侧摩阻力极小。在某种程度上验证了工程界"六米不成桩"的说法。

贺武斌、贾军刚、白晓红、谢康和[262]还进行了单桩与带承台四桩群桩（$S_a/d = 4 \sim 5$）的 $P\text{-}s$ 曲线对比（图 $3-3$[262]），虽然群桩线性段

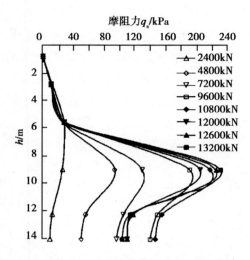

图 3 – 2[262]　贺武斌等群桩实测的桩侧摩阻力分布

并非像单桩那样有较明显的比例性，并确定承载力及群桩效率为1.227，但线型仍为为陡降型。

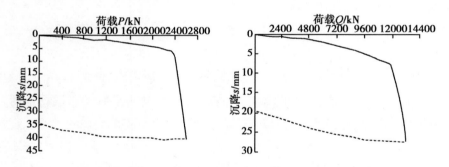

图 3 – 3[262]　贺武斌等实测的单桩和群桩 *P-s* 曲线对比

值得注意的是承台下地基承载力（图 3 – 4[262]）在最后的第三级与第四级荷载间产生了一个突然的放量增大，由 100kPa 左右突增到400kPa 左右，地基承载力 – 沉降曲线（图 3 – 5[262]）也显示：群桩荷载超过极限荷载后，土体被更大程度地压缩，随着沉降的急速增大而土承载力也急剧地增加，直至最后破坏。由于受压力盒的量程所限，该试验没有得到其具体数值，但从频率计的读数可以定性地反映出地基承载力增加的剧烈程度。

黄绍铭、王迪民、裴捷等[263]统计了 18 栋按沉降量控制的复合桩基

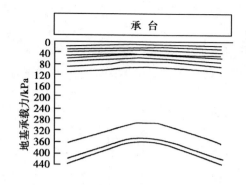

图 3-4[262] **贺武斌等实测承台下地基承载力分布**

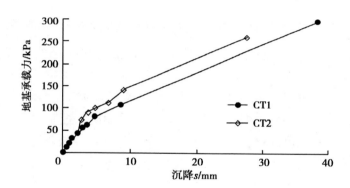

图 3-5[262] **贺武斌等实测的承台区地基承载力-沉降曲线**

建筑物施工期沉降，结构封顶时建筑物平均沉降量约为29mm，当建筑物竣工时平均沉降量约为58mm，增加1倍。注意图3-6[263]中临近竣工时箭头所示的区段，荷载增加不多，但沉降速率明显增大。

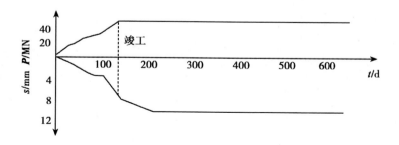

图 3-6[262] **黄绍铭等实测某六层楼沉降曲线**

何颐华、金宝森[264]实测箱形基础加摩擦群桩高层建筑层数－沉降曲线也有类似的情形，如图2－7[264]箭头所示临近竣工的区段，从18层到20层，荷载仅增加了1/10，而沉降量却占到1～20层总沉降量的近一半，如果考虑到地基开挖后的回弹，这一比例还要更大。

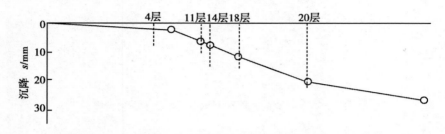

图3－7[264]　**何颐华等实测箱基加摩擦群桩高层建筑层数-沉降曲线**

上述引证，说明桩基塑形支撑[245]形成后，往往伴随着沉降的激增，给结构安全和正常使用带来不可测的因素。由于桩端地基土出于高应力状态，无侧限下土的蠕变又可能会"自行卸载"，李韬、高大钊、顾国荣[265]（2004）提供了上海宝山区一个采用沉降控制复合桩基的实际工程进行桩土承载力和沉降的观测结果，沉降控制复合桩基的建筑物原位试验的结果表明，在整个施工加载过程和竣工之后沉降控制复合桩基的桩土荷载分担呈现出强烈的"时间效应"特点：一是土分担比的持续递减（图3－8[265]）；二是沉降量的长期发展（图3－9[265]）。

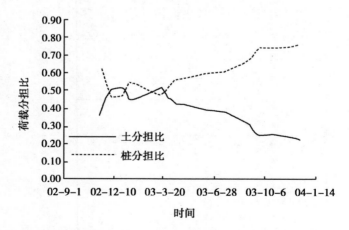

图3－8[265]　**李韬等实测桩土荷载分担比随时间变化**

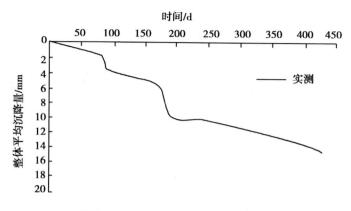

图 3 - 9[265]　李韬等实测整体平均沉降量随时间变化

次固结[266,276]变形是引起土分担比的持续递减和过大的工后沉降的主要原因。间接基础中由于基桩达到或接近极限状态，桩端附近下部地基土的应力水平较高，促进了下部地基土的塑性开展和次固结沉降，还面临后期沉降长期增长影响正常使用的问题，在复合桩基的设计和应用中应该引起足够的重视。

3.1.2.5　应力最大的部位约束最小

图 3 - 10 是一典型的端承摩擦桩的轴向力与桩侧摩阻力、桩身位移的分布，竖向荷载作用下桩土体系荷载传递的过程可简单描述为：桩身位移 $s(z)$ 和桩身荷载 $Q(z)$ 随深度递减，桩侧应阻力 $q_s(z)$ 自上而下逐步发挥，桩侧度阻力 $q_s(z)$ 的发挥值与桩土相对位移量有关。在没有负摩阻力的情形下，显然桩头的竖向应力最大。

一个常规设计的案例也充分说明了内力分布的规律。张忠苗、贺静漪、张乾青、曾亮春[140]对温州 323m 超高层超长单桩与群桩基础实测沉降分析，该工程主楼为 68 层，高 323m，裙楼 8 层，地下室 4 层，筒中筒结构。基础设计采用大直径钻孔灌注桩，桩长 80 ~ 120m，桩径 ϕ1100mm，桩身采用 C40 混凝土，持力层为中风化基岩，入持力层深度为大于等于 0.5m。设计要求单桩竖向承载力特征值为 12 000kN。测试结果表明：超长单桩在最大试验荷载 25 200kN 作用下的桩端阻力只占桩顶荷载的 15.1% ~ 32.3%；在设计工作荷载 12 000kN 作用下的桩端阻力只占桩顶荷载的 0.26% ~ 5.89%。

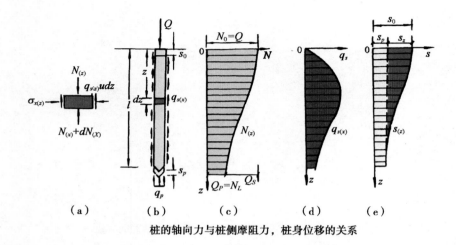

桩的轴向力与桩侧摩阻力，桩身位移的关系

图 3－10　桩的轴向力与桩侧摩阻力、桩身位移分布图

不仅在竖向荷载作用下基桩桩头内力最大，在地震、风荷载、压力差等水平荷载作用下，基桩桩头也往往是内力最大的部位，唐亮、凌贤长、徐鹏举[141]等通过振动台试验，证实不管砂层液化与否，桩的弯矩峰值均存在于桩头。如果考虑到水平荷载的因素，间接基础桩的强度断面还应该进一步加强。

而在间接基础中，土对桩约束最小的部位还是在桩头。土对桩侧向约束的荷载来源有两个方面，一是自重应力，二是附加应力。桩头部位埋深浅，自重应力自然就小；间接基础又把附加应力隔过上层地基土传到下部，附加应力对桩的约束也几乎没有贡献。可以想象，在多数荷载组合下，均匀基桩的桩头破坏一定最严重。

3.2　复合桩基优化设计对间接基础改进的局限分析

目前，岩土工程界对间接基础优化设计的主流研究可分为两大类：

一类是以减小总用桩量或减小总沉降（在天然地基土的承载力满足或基本满足的情况下增加用桩）为目标的单纯桩与土共同工作的研究，也有"疏桩基础[243]"、"减小沉降桩[244]"、"塑性支承桩——卸荷减沉桩[245]"等不同的说法，其共同特征是龚晓南院士等学者提出的"考虑

桩土共同直接承担荷载[246]",《建筑桩基技术规范[237]》（JGJ94—2008）
分别定义"复合桩基"为：由基桩和承台下地基土共同承担荷载的桩
基础；"复合桩基"为：单桩及其对应面积的承台下地基土组成的复合
承载基桩；同时为了明确概念，也有所区别地另行给出了"减沉复合疏
桩基础"的定义：软土地基天然地基承载力基本满足要求的情况下，为
减小沉降采用疏布摩擦型桩的复合桩基。

　　另一类是以减小基础底板边缘小中间大的"碟形"不均匀沉降为
目标的研究，通常需要进行地基（桩土）—基础—上部结构共同作用
计算分析的研究，以刘金砺大师等学者提出的"变刚度调平优化设
计[59,147]"为代表，《建筑桩基技术规范[237]》（JGJ94—2008）定义变刚
度调平优化设计为：考虑上部结构形式、荷载和地层分布以及相互作用
效应，通过调整桩径、桩长、桩距等改变基桩支承刚度分布，以使建筑
物沉降趋于均匀、承台内力降低的设计方法。

　　由于在用桩量不变的情况下，变刚度调平是将基础底板下的桩进行
了重新的分布，有些部位增强，有些部位削弱，因此，必然出现刚度相
对弱化区，特别是对于框架－核心筒结构的优化布桩，会出现边桩、角
桩不满足承载力的问题[247~249]，对此，《建筑桩基技术规范[237]
（JGJ94—2008）》条文中规定对于摩擦型桩基按变刚度调平原则设计的
桩基刚度相对弱化区，宜考虑承台效应确定其复合基桩的竖向承载力特
征值；解说中对于框架－核心筒结构，特别提出"对于刚度相对弱化
区，除调整桩的几何尺寸外，宜按复合桩基设计。从这个角度理解，变
刚度调平优化设计本质上是复合桩基的完善和进一步发展。

3.2.1　复合桩基的应用范围有限

　　周峰、刘壮志、赵敏艳[250]对复合桩基的历史有一段精辟的描述，
现摘录如下：对复合桩基的研究可追溯到20世纪50年代中期，其最早
被称为附加摩擦桩的补偿基础、减少沉降量桩基础以及桩筏体系等。
Zeevaert、Burland（伯尔兰德）、Hopper（霍珀）等最早分别对其进行
了研究与探讨。国内童翊湘、黄绍铭等人从20世纪70年代末开始便对
复合桩基进行了理论和试验研究工作，并在此基础上全面探讨了按沉降
控制的复合桩基的设计方法。从20世纪80年代中期起，复合桩基在上
海等地得到了大量的应用，取得巨大经济效益的同时，也积累了许多宝

贵经验。2008 年 10 月 1 日实施的《建筑桩基技术规范》（JGJ94—2008）[237]第一次将复合桩基的详细设计方法列入其中，又使复合桩基得到了工程界的进一步关注。

《建筑桩基技术规范[237]》（JGJ94—2008）将"复合桩基"定义为"由基桩和承台下地基土共同承担荷载的桩基础"，按照本书关于直接基础与间接基础的定义，可将复合桩基理解为具有桩基础形式的直接基础，同时，由于传统桩基础的构造形式极大地限制了桩土共同作用，只有少量特殊的桩基础才能形成复合桩基。

施鸣升[251]研究了沉入黏性土中不同挤土密度的桩的现场试验和模型试验的基础上，阐述了桩的挤土效应——桩侧摩阻力随着桩的挤土密度 ρ 的增大而增大。按圆柱形孔洞扩张理论计算的超孔隙水压力分布和实测超孔隙水压力的分布均显示桩周土体超孔隙水压力随离桩距与桩径比（S_a/d）的增大而急剧减小，$S_a/d = 12$ 时，桩周孔隙水压力趋近于零；桩周土体压缩模量 E_s 随 S_a/d 变化呈双曲线关系，当 $S_a/d > 5$ 以后，E_s 变化就不明显了。实测结果表明桩与土相互影响的距离远小于弹性理论显示的结果[252]。美国石油协会也认为 S/d 大于 8 时可忽略桩土间的相互作用[253]。

宰金珉、蒋刚、王旭东、李雄威、何立明[254]通过单桩带台与群桩的桩筏基础模型试验，结果表明，常规桩距桩筏基础极限荷载下表现出实体深基础性状；而大桩距桩筏基础，基桩先于板下土体达到承载力极限状态，后续荷载基本由板下土体分担，验证了塑性支承桩理论。加载过程中，桩 – 土的荷载分担比不断变化，$6d$ 及以上桩距时，桩达到极限荷载后即趋于稳定。利用桩的极限承载力的桩筏基础设计，应考虑极限荷载与工作荷载下桩 – 土荷载分担比的不同性状差别。桩间距越大，桩对土体的侧向位移的"遮帘作用"逐渐弱化，板下土体的位移特征趋于天然地基的特征，桩端平面以下土体应力受板下土体分担荷载的影响越明显，6 倍桩距可视为常规桩基与复合桩基的分界点。

宰金珉、宰金璋[255]提出复合桩基系指按大桩距（大于 5～6 倍桩距与桩径比 S_a/d）稀疏布置的低承台摩擦群桩或端承作用较小的端承摩擦桩与承台底土体共同承载的、纯桩基与天然地基之间过渡型的新型基础型式。这一定义与《建筑桩基技术规范[237]》（JGJ94—2008）复合桩基"由基桩和承台下地基土共同承担荷载的桩基础"的定义本质上是等价的。

史佩栋等[256]提出在如下两种情况下可考虑采用复合桩基：

（1）天然地基承载力满足要求，沉降过大，采用少量桩以减少沉降，称为减沉桩或控沉疏桩基础。

（2）天然地基承载力与沉降均不能满足要求，采用适量桩补充天然地基承载力不足，同时将沉降减少至沉降限定值以内，或称为协力疏桩基础。

《建筑桩基技术规范[237]》（JGJ94—2008）对复合基桩的应用进行了限制，对于符合下列条件之一的摩擦型桩基，宜考虑承台效应确定其复合基桩的竖向承载力特征值：

①上部结构整体刚度较好、体型简单的建（构）筑物；

②对差异沉降适应性较强的排架结构和柔性构筑物；

③按变刚度调平原则设计的桩基刚度相对弱化区；

④软土地基的减沉复合疏桩基础。

《建筑桩基技术规范[237]》（JGJ94—2008）解说中也提出对于减沉复合疏桩基础应用中要注意把握三个关键技术：一是桩端持力层不应是坚硬岩层、密实砂、卵石层，以确保基桩受荷能产生刺入变形，承台底基土能有效分担份额很大的荷载；二是桩距应在 $5d \sim 6d$ 以上，使桩间土受桩牵连变形较小，确保桩间土较充分发挥承载作用；三是由于基桩数量少而疏，成桩质量可靠性应严加控制。软土地基减沉复合疏桩基础的设计应遵循两个原则：一是桩和桩间土在受荷变形过程中始终确保两者共同分担荷载，因此单桩承载力宜控制在较小范围，桩的横截面尺寸一般宜选择 $\phi 200 \sim \phi 400$（或 $200 \times 200 \sim 300 \times 300$），桩应穿越上部软土层，桩端支承于相对较硬土层；二是桩距 $S_a > 5 \sim 6d$，以确保桩间土的荷载分担比足够大。

由于桩身的侧摩阻力在正常使用中属于接近于静摩擦力的微小的滑动摩擦力，因此，较小的荷载和沉降就可以使侧摩阻力发挥到极限，到达侧摩阻力极限后，若继续增加荷载其荷载增量将全部由桩端阻力承担，继续增加荷载，桩端持力层的大量压缩和塑性挤出，位移增长速度显著加大，直至桩端阻力达到极限，位移迅速增大，此时桩所承受的荷载就是桩的极限承载力。如果桩端持力层较好、端承作用较大，细长的竖向增强体（桩）有可能发生类似于长细比较大的结构柱的压碎或挠曲破坏，这种破坏非常突然，荷载－沉降曲线不仅表现为突变、陡降、非渐进破坏特征，而且由于桩身断裂等原因荷载－沉降曲线还会有其他一些异常特征，所以，这种端承桩或端承作用较大的端承摩擦桩也无法形成复合桩基。

只有当桩端持力层较弱、端承作用较小，单桩承载力本身也较低，在桩整体向下刺入时，能够基本保持桩身的完整不破坏，这时候，就会"牵引"与基础底板（承台）接触的上部地基土同时发生较大的沉降，上部地基土也能够产生一定的压缩应力，从而对基础底板（承台）形成向上的承载力，表现为上部地基土承载力的发挥。虽然上部地基土的应力增量激增，但如果天然地基本身就足够全部承担上部荷载（只是安全系数较低），则上部地基土显然能够为间接基础承担一些荷载增量，甚至当桩土之间的沉降变形模量差距较小，上部地基土也会在桩基进入极限状态之前就提前参与荷载分担，这样，桩基础才能够表现出间接基础的特性，才能够形成"复合桩基"。

3.2.2　复合桩基的可靠度取决于天然地基

陈晓平、刘祖德[277]根据复合桩基的承载特性，在考虑桩、台共同承担荷载的基础上建立了可靠度分析概率模型，以一桩台基础作为分析对象，分别计算了在基本变量的统计特征不变、桩和承台尺寸不变的情况下，设置 16 桩、9 桩、5 桩时相应于总安全系数 $K = 2$ 的可靠指标，由于随着距径比 S/d 的增大，群桩效应减弱，当按照建筑桩基技术规范（JGJ94—1994）确定的群桩效应系数进行计算可靠指标 β 时，计算结果为：设置 16 桩、9 桩、5 桩所对应的可靠指标 β 分别为 4.860、4.975、5.256，即当保护总安全系数不变时，随着距径比的增大（即用桩量的减小），复合桩基的可靠指标不仅没有减小，反而略有增大，从而产生了"疏布桩基比密布桩基的安全度要高"的结论。

上述计算结果还有规范中群桩效应系数的相对保守的原因，也说明了在一定条件、一定范围内，减小基桩置换率并不会显著地影响安全度，但其可靠度主要是取决于地基土能否参与承载以及天然地基自身的承载能力。

宰金珉、陆舟、黄广龙[278]从按单桩极限承载力设计复合桩基的总安全度方法出发，运用可靠度理论，结合工程实例，建立了用该法确定的承载力极限状态方程，进行了可靠度分析与验证，研究了天然地基承载力满足率 ψ（ψ 为天然地基承载能力与所需承担的总竖向荷载之比 $\psi = fA/Q$）的合理取值范围，证实了天然地基满足率 $\psi \geq 0.5$ 的必要性。推导过程简述如下。

首先，该方法明确要求单桩为摩擦桩或端承作用较小的摩擦桩，其次，要求桩端的持力层有足够厚度，且该土层下无明显的软弱层。用公式（3-1）确定桩数

$$n = (Q - \xi fA)/(\zeta P_u) \qquad (3-1)$$

式中：ξ 为天然地基承载力利用系数（一般取 $\xi \leq 0.5$）；ζ 为单桩极限承载力利用系数（一般取 $0.8 \sim 0.9$）；Q 为上部结构传至承台顶的竖向力设计值 F 与基础自重设计值及基础上土重标准值 G 之和；f 为经修正后的天然地基的承载力设计值；P_u 为单桩极限承载力；A 为承台底面面积。

该设计方法的整体承载力的安全度计算基于如下考虑：天然地基的极限承载力 f_u 约为 $2.5f$，并使用传统的工作应力法确定安全系数

$$K = Qu/Q = \frac{1}{\zeta} + \left(2.5 - \frac{\xi}{\zeta}\right)\psi \qquad (3-2)$$

按单桩极限承载力设计，可得复合桩基的正常工作状态平衡方程，分别将天然地基极限承载力计算公式和单桩极限承载力计算公式代入平衡方程，根据《建筑结构设计统一标准》，可分别考虑静载、活载的概率分布和变异系数，忽略桩身几何参数、土层厚度、密度及承台尺寸等参数的变异性，得到一些基本变量，除活载服从极值 I 型分布，其余变量都服从正态分布，则可求解复合桩基可靠度指标，分析可靠度指标与安全系数 K 之间的关系，并讨论 ψ、ξ、ζ 变化对可靠度指标的影响，分析其取值范围。文献［278］根据上述推导，编写了计算程序，并对某一具体工程进行了计算，本书基于该文的一些计算结果，来做与原文略有不同的一些分析：

若保持 $K = 2.93$，$\psi = 0.965$ 不变，在 ζ、ξ 变化时可靠度指标的变化如图 3-11[278] 所示，可知可靠度指标 β 随着随着单桩利用系数 ζ（取值在 $0.8 \sim 0.9$ 变化）的增加而变小，天然地基承载力利用系数 ξ 也相应变小。这表明复合桩基中桩的承载力发挥利用越多，天然地基的承载力发挥越少，则可靠度指标 β 和安全度越低，反之，若天然地基承载力

发挥得多，可靠度才能提高。

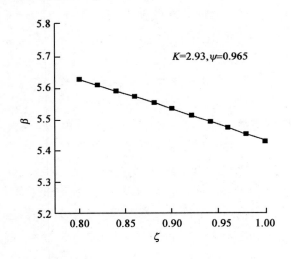

图 3-11[278]　　K、ψ 不变，β 随 ζ 的变化

　　若固定 $K = 2.93$，保持单桩利用系数 $\zeta = 0.9$ 不变，计算可知本例中当 $\psi < 0.7$ 时，为保持 $K = 2.93$，ξ 可能小于零，且可靠度指标均小于目标可靠度指标 3.2。原文认为这不符合实际情况，且研究并无实际意义。其实，这恰恰说明复合桩基中桩的承载力发挥过多（达到了极限值的 90%），而天然地基承载力本身较低时，地基土的承载力根本就无法发挥，而且这时候地基基础的可靠度指标 β 和安全度非常低。端承桩和端承摩擦桩的情况就是这样，摩擦桩也有可能出现。传统桩基础的构造形式限制了天然地基承载力的发挥，减小用桩量势必导致可靠度的降低。

　　固定 $K = 2.93$，保持单桩利用系数 $\zeta = 0.9$ 不变，且仅研究 $\psi > 0.7$ 的情况，得到不同 ψ 值对应的 β 变化曲线（图 3-12[278]）。

　　由图 3-12[278]可知，复合桩基的安全度可以说在很大程度上完全取决于天然地基承载力满足率 ψ，可以这样来理解：当桩接近于极限破坏（$\zeta = 0.9$），新增荷载必须全部由地基土来承担的时候，地基土能否避免发生常规间接基础（桩基础）的荷载-沉降（P-s）曲线的突变、陡降，就完全取决于天然地基自身的承载能力。

　　文献［278］用目标可靠度 $\beta = 3.2$ 反算桩基及基底土利用率系数 ζ、ξ，再代入 $K = 2.0$ 这一条件，求得不同的 ψ，从而得到 ψ 与 β 的关

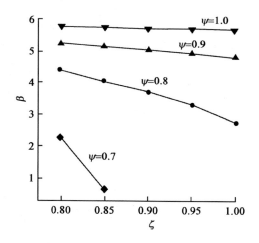

图 3 – 12[278]　　K 不变，不同 ψ 值对应的 β 变化曲线

系，就可以确定满足复合桩基设计条件的 ψ 的最小值。反算结果如图 3 – 13[278]所示。

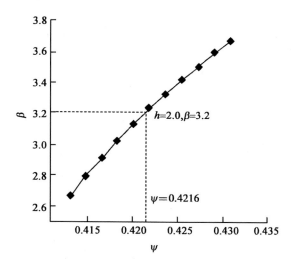

图 3 – 13[278]　　不同 ζ、ξ 组合得到的 ψ 与 β 关系图

对该例而言，ψ 取值大于 0.4216，总可通过调整承台及单桩极限承载力的利用系数 ξ、ζ 来保证可靠度大于目标可靠度指标 3.2。因此，文献［278］提出为满足整体承载力的可靠度验算，在复合桩基设计开始时，使 ψ 值大于 0.5 完全必要。考虑到 $\psi = fA/Q$，而天然地基的极限

承载力 f_u 约为 $2.5f$，则有 $\psi = 0.4f_u A/Q$，满足 ψ 取值大于 0.4216，相当于近似满足 $f_u A/Q > 1$，即在任何情况下天然地基的极限承载力都需要满足承载要求的（只是安全度偏低）。

吴鹏[279]提出了对于超大超长群桩基础采用基于沉降的可靠度设计概念，其中沉降计算模式考虑了桩身压缩以及桩端刺入量。在讨论了计算参数的分布规律后，用蒙特卡罗方法进行了可靠度指标的计算。计算结果见图 3 – 14。

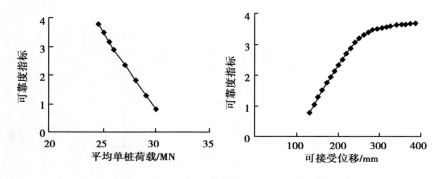

图 3 – 14[279] 荷载水平和可接受位移对可靠度指标的影响

图 3 – 14[279]左图为在可接受位移 200mm 情况下荷载水平（这里指均值变化）对可靠度的影响，图 3 – 14[279]右图为平均单桩荷载均值取 28MN 的情况下可接受位移对可靠度的影响。由图 3 – 14[279]左图可见，荷载水平增加会导致群桩可靠度指标急剧降低。图 3 – 14[279]右图显示，可接受位移增加，可靠度指标增大，但这种趋势逐渐变缓。较大的变形和沉降是天然地基承载力得以发挥的必要条件，充分说明复合桩基的可靠度显著依赖于天然地基承载力的发挥。也说明在一定条件和范围内，只有用沉降量换承载力。

3.2.3 变刚度调平降低了个别安全度

在常规均匀布桩的情况下，随荷载与时间的增加，会出现边桩、角桩和外围地基土承载力增大，而中桩和中心地基土承载力减小的"马鞍形承载力分布"，与此同时，又会产生与承载力分配相反的周围沉降小、中心沉降大的"碟形沉降"。《建筑桩基技术规范[237]》（JGJ94—2008）规定以减小差异沉降和承台内力为目标的变刚度调平设计，宜结合具体条件按下列规定实施。

①对于主裙楼连体建筑，当高层主体采用桩基时，裙房（含纯地下室）的地基或桩基刚度宜相对弱化，可采用天然地基、复合地基、疏桩或短桩基础。②对于框架－核心筒结构高层建筑桩基，应强化核心筒区域桩基刚度（如适当增加桩长、桩径、桩数、采用后注浆等措施），相对弱化核心筒外围桩基刚度（采用复合桩基，视地层条件减小桩长）。③对于框架－核心筒结构高层建筑天然地基承载力满足要求的情况下，宜于核心筒区域局部设置增强刚度、减小沉降的摩擦型桩。④对于大体量筒仓、储罐的摩擦型桩基，宜按内强外弱原则布桩。⑤对上述按变刚度调平设计的桩基，宜进行上部结构—承台—桩—土共同工作分析。

可见，变刚度调平设计的方法非常先进，但调平的最终计算的结果却值得怀疑，为了便于说明，本书提出个别安全系数的概念。

个别安全系数定义：群桩中的个别桩或个别区域作用的外部荷载与其所能承受的极限承载能力的比值，包括竖向和水平或其组合。

导致场地中各区域的个别安全系数不同的根本原因在于荷载与承载力的离散型，主要有以下几个方面：①上部结构荷载，包括竖向和水平荷载；②场地不均匀；③施工质量与工艺；④设计时各桩或区域安全系数不同。

整体安全系数满足，但个别安全系数如果偏低，有可能发生局部个别区域的失效，进而导致承载力重分布，引起连锁反应，导致更大区域甚至是整体的破坏，应当引起重视。

在变刚度调平优化设计中，往往是边、角桩的承载力得不到满足，于是变通为将核心筒外围设计为复合桩基，而核心筒仍然采用常规桩基。通过削弱边桩角桩固然使得基础底板（筏板）的沉降趋于均匀，然而在调平筏板沉降的同时，却极大地降低了边桩、角桩区域的个别安全系数。为了便于理解，可以拿一个生活中的例子来说明——椅子，为了坐得稳当，椅子腿通常尽量放到椅子的外缘，才能提供更大的抗倾覆力矩。在地震等偶然荷载的作用下，则可能产生瞬时的微小倾斜，如果边桩、角桩的局部承载力偏低，将使倾斜逐步累加，由于靠近中性区的中桩对于抵抗倾覆力矩的作用很小，因此，削弱边桩、角桩极大地增大了发生整体倾覆的风险。

当只有基础底板沉降均匀这唯一的一个控制参数时，由于间接基础调平的手段单一，只能调整桩下部支承刚度，这就是产生变刚度调平优化设计调平的结果不符合常理的重要原因，是用降低个别安全系数为代价换取了基础底板沉降均匀。

褥垫层是刚性桩复合地基技术的核心，褥垫层在一定程度上可以发挥调整桩顶上部支承刚度的作用。刘冬林、郑刚、刘金砺、李金秀[258]较大体量的刚性桩复合地基与复合桩基工作性状对比试验研究证实：应用褥垫层技术，复合地基的筏板沉降相对均匀，差异沉降较小。对于复合地基，当筏板上作用的荷载不超过第 6 级荷载时，筏板沉降差不超过相邻柱距的 0.002 倍，而对于复合桩基，满足相应的沉降差对应的最大荷载为第 4 级荷载。在筏板中心位置，复合地基与复合桩基的总沉降量基本一致，复合地基略大于复合桩基；在筏板的边桩和角桩位置，复合地基的沉降明显大于复合桩基对应位置的沉降。结果表明与复合桩基相比，通过设置褥垫层，复合地基的筏板沉降相对均匀，差异沉降较小。刘冬林等[258]认为这与设置褥垫层后桩土承载力发生变化有关，并在该文的研究中得到了证实。但对于一个具体工程，往往褥垫层自身的刚度具有唯一性，难以对不同的部位的桩有针对性地个别调整其桩顶支承刚度。

在褥垫层的基础上，还可进一步增加柔性桩，进行基础底板的调平优化设计。郑冰、邓安福、曾祥勇、梁莉[286]创造性地将刚柔组合二元复合地基在从广义上改变桩身调整为从宏观上改变桩身。在两种桩数量相同的前提下，布桩方式采用"内强外弱"、"外强内弱"、"中部强内外弱"、"中部弱内外强" 四种，同时将上部结构、基础与多元复合地基视为受力连续、变形协调、相互作用的整体进行计算，对四种布桩模式下的筏基沉降及内力、上部结构内力进行了对比分析。研究结果表明[286]，按筏基最大沉降量来看，四种情况下从大到小的布桩方式依次为"内强外弱"、"中部强内外弱"、"外强内弱"、"中部弱内外强"；按筏基差异沉降大小来看，四种情况下从大到小的布桩方式依次为"外强内弱"、"中部强内外弱"、"中部弱内外强"、"内强外弱"；弯矩分布从最有利到最不利的布桩情况依次为"内强外弱"、"中部弱内外强"、"中部强内外弱"、"外强内弱"，这与筏基差异沉降大小的分布规律是相对应的。郑冰等[286]认为对上部结构及筏基整体设计而言，各种布桩方式各有利弊，难以达到全部指标最优，相对而言，"中部弱内外强"的组合方式既可以使筏基沉降减至较低，又能适当减小上部结构及筏基的弯矩值，是一种相对优化的布桩方式。从文献［286］的计算数据看，基于常规"内强外弱"的变刚度调平方式虽然总沉降比"中部弱内外强"的方式略有提高，但差异沉降以及引起上部结构的次应力仍然是"内强外弱"的变刚度调平方式最优。说明增加柔性桩也难以完全避免"内强外弱"布桩的变刚度调平结果，而且与长短桩的调平方式一样，都会出现两种以上的桩型，还需要选择多个持力层进行比较试算。

桩伴侣技术通过调整桩顶与基础底板（承台）之间的净空、垫层的厚度和材料模量，即桩上部的支承刚度，可降低边桩、角桩的桩顶承载力，提高中桩的桩顶承载力，则筏基差异沉降和上部结构的次应力自然就会减下来。从某种意义上说，桩伴侣就是为了自由地调整桩顶与基础底板的距离（桩上部支承刚度）而设置的一种构造措施，桩伴侣既是地基（桩是复合地基的竖向增强体），又是基础（侣是基础底板的一部分），而且有卓越的水平承载性能（向土传递水平力和对桩阻隔水平力），利用桩伴侣技术来解决基础底板（筏板）调平则可以一举三得，而且非常方便：①可均匀布桩、甚至局部加强边桩、角桩，增大抵抗整体倾覆的能力；②在此基础上，适当调整桩顶与基础底板的距离，即边桩、角桩预留沉降大一些，中桩预留沉降小一些就可以实现变刚度调平；③桩伴侣还增大了基础底板的刚度。

3.3　褥垫层复合地基技术对间接基础改进的缺陷分析

桩基础与带褥垫的刚性桩复合地基是目前建筑工程中带有竖向增强体的两类典型的地基基础形式，其特征是：桩基础直接与基础底板刚接，节点承担竖向、水平、弯矩与扭转荷载；而带褥垫复合地基的刚性桩则完全与基础底板脱离，桩身下部受到地基土的侧向围压较大嵌固较好可视为刚接，在桩间土的裹挟下通过侧向的负摩阻力和桩顶的扩散应力来承担竖向荷载，桩身上部则在较小的地基土的侧向围压与较大的上部荷载的联合作用下，处于有约束的自由或弹性铰接状态。尽管仅仅从承受竖向荷载桩土共同工作的角度来说，广义复合地基或广义复合桩基理论认为两者本质上是同一的，但这两种基桩的巨大差异仍然是客观存在的，例如桩基础属于基础而带褥垫的刚性桩复合地基属于地基，负摩阻力削弱桩基础的承载力却是形成复合地基的必要条件，规范要求多数桩基础的基桩进行抗震验算却对复合地基中的竖向增强体不做要求等等，究其原因在于桩基础的基桩与带褥垫复合地基的刚性桩构造形式上的差别，以至于将其分别归为不同的范畴（桩基础是"基础"，而复合地基是"地基"），而且这两类基桩之间的关键差异在于桩头的构造形式，桩伴侣（变刚度桩）则"杂交"了这两类基桩的构造特征。

刚性桩复合地基是我国地基处理领域一项伟大的发明，其核心技术是褥垫层，有关刚性桩复合地基的抗震方面的研究和结论可归结为两个方面，一是地基土置换为刚性桩对场地卓越周期的影响，二是褥垫层的隔震作用对基桩和上部结构加速度的影响，认为刚性桩复合地基下对相互作用体系中上部结构的动力反应明显要比普通桩基础时动力反应小，刚性桩复合地基与上部结构的相互作用对抗震有利。

褥垫层刚性桩复合地基的发明过程可从两个方面来理解：一是由间接基础转化来的；二是由直接基础演变而来。

由间接基础转化的过程大致是这样[143]：由于桩的强度及模量远高于桩间土，在外加荷载作用下，桩的变形远小于桩间土的变形，从而使桩间土难于发挥作用。由于桩端与承台刚性地连接在一起，虽然有不少学者提出诸如利用桩端刺人效应（复合桩基的起源）等做法，但难以从根本上达到调整桩土相对变形的目的。事实上，不少工程实测结果也表明，在建筑物使用一段时间，地基土产生一定固结沉降后，承台下的土承载力极为有限，甚至出现桩间土与承台底面脱开的现象。为了从根本上解决桩土变形协调的问题，中国建筑科学研究院地基所黄熙龄[144]院士提出在复合地基表面、基础与桩、桩间土之间设置褥垫层，人为地为桩顶向上刺人提供条件，并通过褥垫材料的流动补偿使桩间土与基础始终保持接触，从而达到桩土共同工作的目的。

由直接基础演变的过程大致是这样[145]：为了改良天然地基，我国从 20 世纪 70 年代开始利用碎石桩（柔性桩）加固黏性土地基，但发现无论是提高桩长，还是加大置换率，提高复合地基承载力都存在一个瓶颈，有时，地基打入很多碎石，静载荷试验承载力反而降低了。经过分析，碎石桩桩体由散体材料组成，本身没有黏结强度，主要靠周围土的约束来承受上部传来的垂直荷载，当桩受荷后，在桩顶不大的一个范围内（一般 2~3 倍桩径）桩体发生侧向膨胀，于是重点考虑如何将桩土应力比提高，这样以碎石为骨干、加入少量水泥使其具有粘结强度、并掺入石屑可使级配良好、粉煤灰增加混合料的和易性并有低标号水泥的作用、增加桩体后期强度的一种非柔性、非刚性的桩诞生了，这就是著名的 CFG 桩（水泥粉煤灰碎石桩）。可是 CFG 桩与传统的灌注桩等刚性桩相比，强度低、无配筋，承受水平荷载的能力很低，于是，黄熙龄[144]院士建议铺一层垫层隔开，结果经过水平静载试验[143]证实对于有水平荷载存在的复合地基，桩身剪应力分布表明褥垫层的有利影响显著。

无论是从间接基础的转化还是从直接基础的演变，既反映了原有技术存在的缺陷，又体现了发明人高度的智慧、创新和实证精神。褥垫层技术成为刚性桩复合地基的一项核心技术，是我们中国的岩土工程师在全世界首创的以一种简单的方式让基础底板（承台）与刚性桩基桩的桩顶脱离开、将间接基础变革为直接基础的重大发明，是岩土工程地基处理技术发展的伟大创新和巨大贡献，无论怎样高度评价褥垫层都不过分。褥垫层技术问世后，业界进行了大量的研究和工程应用，但褥垫也存在以下一些缺陷。

3.3.1 地下室井坑破坏隔震

褥垫层之所以能够隔震是因为设置褥垫层后使得基础底板能够自由水平移动，而在高层建筑中，往往需要在地下室设置积水坑或电梯管道井坑（图 3-15），限制了基础底板的自由平动或水平位移，无法将上部结构的水平荷载传递到基础地下室外墙，水平荷载只有向下传递这一条主要的路径，从而将较大比例的水平荷载传递到基础底板以下，通过褥垫层向刚性桩和地基土来分配，这样，复合地基中的刚性桩与桩基础中的基桩所承受水平荷载就差别不大了，可以想象，这对于抗弯、抗剪能力很低的 CFG 或 PHC 桩来说，如果作用较大的水平荷载，其后果可能是灾难性的。

李丰、宋二祥[313]认为桩身内力受不同场地土质分布情况影响明显，因而刚性桩复合地基的抗震性能对场地依赖性较强。针对北京地区几种典型地层进行刚性桩复合地基的抗震分析，发现结构较高接近 30

图 3 – 15　高层建筑地下室电梯井坑施工

层的情况，根据北京地区的工程地质划分，东部Ⅲ、Ⅳ区中复合地基抗震性能较好；西部Ⅰ区中复合地基桩体在强震下有断裂的可能。西部Ⅰ区结构较高情况的复合地基在强震作用下若发生破坏，破坏模式可能为外围桩体首先发生断裂破坏，建议此类工程对复合地基桩群外部桩体采取适当加固措施。郑刚、刘双菊、伍止超、顾晓鲁、孙伟[314]也在天津市工程建设地方标准《刚性桩复合地基技术规程》中，引入了桩身适当配筋的规定。

王伟、杨尧志[315]认为在强震区域，砂垫层的存在导致乐夫波的出现，不仅增大了地震加速度，而且引起地面和基础产生水平扭转，增大了对结构的破坏力；褥垫层的设置一方面削弱了结构整体抗震性能，使每个桩相互独立，桩、桩间土和基础变形不同步，势必会引起不均匀沉降，抵御地震力不同步，使整体抗震性能大大削弱，另一方面，密实砂垫层在地震荷载作用下发生剪胀，导致承载力不足引起变形。目前，常规振动台模型试验[241,316,317]还仅仅能够模拟地震水平加速度，基桩抗震性状计算的理论推导如拟静力[318]的方法也局限于一维横波的单一作用，而对于横波与纵波联合作用的瑞利波、乐夫波等，所产生的地面不规则竖向运动与结构水平扭转运动，对上部结构的威胁和破坏更大。在建筑工程中，通常地下室底板都要设置集水坑或井坑，整个基础底板并不是一个平面，有可能局部将脆性桩折断、移位退出工作，继而引发基桩相继失效的连锁反应，结构在水平单向地震激励下地震反应只能显示部分结构抗震性能，不能完全代表结构的抗震性。刚性桩复合地基、基础底板与上部结构整体的三维地震分析工作有待进一步研究。

由于在某种程度上默认了褥垫层的隔震作用，对于复合地基中的刚性桩在横向动荷载、特别是地震荷载下的动力响应问题本身就涉及较少，在已有的研究和规范中，仅规定了对设置井坑的基础底板进行局部加强，并未考虑井坑对于水平荷载（主要是地震荷载）的传递和分布的影响，属于结构专业和岩土专业都不过问的灰色地带，有关研究尚属空白。

3.3.2　褥垫层模量影响隔震

徐志国、宋二祥[146]通过有限元分析研究了刚性桩复合地基的抗震性能，所计算的模型显示刚性桩桩身的弯矩明显小于桩基础，最大弯矩仅为桩基础的约1/3；刚性桩桩身的剪力亦明显小于桩基础，最大剪力约为桩基础的65%。也就是说，在地震荷载作用下，复合地基刚性桩的受力与桩基础相比，并非可以忽略不计，而是出于大致相当的量级。

李宁、韩煊[147]根据常用褥垫材料的砂或碎石的变形模量变化范围，分别取褥垫模量为 $E_c = 10MPa$、$30MPa$、$50MPa$、$80MPa$，对 $L = 12m$，$E_p = 5000MPa$ 的刚性桩复合地基进行了研究，以考虑褥垫材料本身模量对复合地基性状的影响规律。计算结果显示，桩顶荷载在 $10MPa$、$30MPa$、$50MPa$、$80MPa$ 和无褥垫的情况下，桩顶荷载分别为 $530kPa$、$755kPa$、$860kPa$、$990kPa$、$1640kPa$，土中应力分别为 $12kPa$、$55kPa$、$64kPa$、$71kPa$、$86kPa$，桩土应力比 n 分别为 6.2、10.6、13.4、18、137，说明褥垫层的弹性模量对于桩与土的应力分配非常敏感。因此，不仅是从保证桩顶向上刺入"流动补偿"以及促进地基土承载力发挥的角度考虑，褥垫层的模量应低一些，更重要的是，从隔震的角度考虑，为减小作用于桩顶的荷载和所分配水平剪力，褥垫层的模量更应尽量低一些。

胡再强、王军星、刘兰兰、焦黎杰[148]采用大型非线性有限元程序ADINA，针对复合地基－基础－上部结构典型算例，建立了计算模型，并进行了有限元动力时程分析，研究了上部结构在不同垫层性质（不同刚度和不同厚度）作用下的动力反应，计算的结果也显示，对于刚性桩复合地基，只有当褥垫层的变形模量在 $10MPa$ 以下，才能取得一定的减震隔震效果，并认为褥垫层在多地震地区往往成为地基－基础－上部结构的薄弱环节，桩体刚度越大，这种作用越明显，因而建议多地震地区应少用刚性桩式复合地基。

由于褥垫层常规采用的砂石垫层，一般变形模量都在 30MPa 左右，而且在上部荷载的压密作用下，其变形模量还会有较大幅度的提高，所以，常规 0.2~0.3m 褥垫层厚度的隔震效果可能不一定能完全满足复合地基中刚性桩的隔震要求，再联系到复合地基中的刚性桩，抗弯抗剪的能力极低，施工中简陋粗糙的桩头修补方法（图 3-16），的确还需要业界的重视、慎用和进一步研究。

某高层建筑采用的是干硬性素混凝土夯扩桩与灰土桩二元复合地基，干硬性素混凝土抗压能力很高而抗弯、抗剪能力极低，干硬性素混凝土夯扩桩单桩竖向承载力很高而基桩本身的水平承载能力极低，褥垫层则选择了灰土垫层。

图 3-16 修补桩头

灰土是一种传统的建筑材料，土壤和石灰是组成灰土的两种基本成分。不论生石灰、消石灰，水化后和土壤中的二氧化硅或三氧化二铝以及三氧化二铁等物质结合，即可生成胶结体的硅酸钙、铝酸钙以及铁酸钙，将土壤胶结起来，使灰土有较高的强度和抗水性。灰土逐渐硬化，增加了土壤颗粒间的附着强度。不论是用亚黏土或黏土制作的三七灰土，在室内养护 7 天后浸水 48 小时的变形模量为 10~15MPa，养护 28 天浸水 48 小时的变形模量为 32~40MPa。在一定的围压下，灰土胶结反应所需时间将缩短，而胶结强度将进一步提高。

设计人员选择灰土垫层作为褥垫层，是出于两方面的考虑：一是因为该场地是湿陷性黄土，虽然同时应用了夯扩桩和灰土桩组成二元复合地基，地基土的湿陷性仍未完全消除，希望以灰土垫层来隔绝地表水向地基渗透；二是设计要求灰土垫层夯实，以减小桩顶向上的刺入量，增大桩土应力比，这样能够使沉降量很小，如果从竖向承载的角度来说，设计非常成功,充分调动了基桩的承载力,根据我们对该工程所做的现场实测显示,桩身沿长度的轴向力分布竟然没有出现对刚性桩复合地基极其有益又非常必要的"负摩阻力",呈现出桩基础的轴力分布特征。

龚晓南[151]院士提出浅基础、复合地基和桩基础之间没有非常严格的界限。考虑桩土共同作用的摩擦桩基(即复合桩基)也可认为是刚性桩复合地基,认为将其视为刚性桩复合地基更利于对其荷载传递体系的认识。由于复合地基与复合桩基重要的构造差异是褥垫层,或者说是桩顶与基础底板(承台)之间材料的模量差异,之所以从承受竖向荷载桩土共同工作的角度来说,广义复合地基或广义复合桩基理论认为两者本质上是同一的,是因为在相当于准永久值的荷载作用下,桩顶与基础底板(承台)之间材料的模量差异是很小的,那么,从承受水平荷载的角度说,对褥垫层的隔震作用必须持谨慎的保守态度。

3.3.3 承载力"被平均",基础既不经济又不安全

毛前、龚晓南[152]在探讨垫层、桩体、桩间土三者模量与刺入量之间的关系时,桩顶向垫层的刺入采用了理想球孔破坏模式,就是假设桩头为半球形初始状态,以一均匀分布的内压力向周围垫层材料扩张,形成了一个相对的"集中力"。

王年云[153,154]采用 Terzaghi 地基极限承载力理论得到复合地基的极限承载力公式、根据滑移线形状导出垫层内摩擦角的上限值及垫层的最小厚度;池跃君、沈伟、宋二祥[155]提出桩顶垫层内土体的滑移线形状符合 Terzaghi 对数螺旋线破坏模式的假设适合垫层较厚情况,建议了Mandel(曼德拉)与 Salencon(塞尔康)破坏模式(图 3 – 17)。Mandel 与 Salencon 破坏模式发生的条件是当土层下埋藏着粗糙刚性层且基底下土层的厚度较薄,地基破坏时的滑移线受到限制的情况,其滑移线的性状更短,桩头"集中力"的情况也更突出。

刘吉福[156]提出由于在深层搅拌桩桩顶平面(即褥垫层底面)桩间土的沉降大于桩顶面的沉降,从而使桩间土上部褥垫层的沉降也大于桩顶上部褥垫层的沉降,此差异沉降随距离桩顶平面高度的增加而减小。在某一高度处,此差异沉降减小为 0。周龙翔、童华炜、王梦恕、张顶立[157]认为此高度即为褥垫层的最小厚度。褥垫层的最小厚度应按照褥垫层顶面为均匀沉降面来确定,即由于褥垫层的调节作用,使褥垫层顶

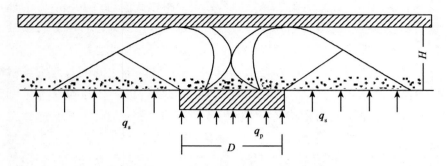

图 3−17[155]　　Mandel 与 Salencon 破坏模式

面各点沉降量相等，从而使其上的结构层均匀沉降。取桩顶上直径与桩相同，高度为 h 的褥垫层土柱为隔离体研究对象，得到了褥垫层顶面处荷载均布时，顶面均匀沉降的褥垫层最小厚度计算公式

$$hf_{\min} = \frac{\left[\dfrac{n}{1 + m(n-1)} - 1\right]d}{2\tan^2(45° + \varphi/2)\tan\varphi} \qquad (3-3)$$

当砂垫层 $\varphi = 30°$，深层搅拌桩直径 $d = 0.50\text{m}$，桩顶面处桩土应力比 $n = 4$，桩间距为 1.2m，梅花形布桩，则置换率 $m = 0.157$。将上述各值代入式（3−3），得 $h = 0.25\text{m}$。由此可知，常规 0.2~0.3m 左右的褥垫层厚度仅仅能够满足半刚性桩（桩土应力比 $n = 4$）的荷载均布要求，若要满足刚性桩复合地基基础底板承载力均布的要求，则需要大得多的褥垫层厚度。

郑俊杰、陈健、骆汉宾、鲁燕儿[158]证实，如果按照式（3−1）计算，对于直径 $d = 0.50\text{m}$，$\varphi = 30°$ 时褥垫层厚度为 619mm，$\varphi = 35°$ 时褥垫层厚度为 751mm（其余具体工程参数不详），并基于 Terzaghi 整体剪切破坏模式推导得到了褥垫层最大厚度的计算公式

$$hf_{\max} = d\exp(\pi/2\tan\varphi)\tan\varphi \qquad (3-4)$$

当刚性桩复合地基中刚性桩的桩径 $d = 0.50\text{m}$，褥垫层 $\varphi = 30°$，计算得滑动破坏面厚度为 715mm。

当将按照式（3−4）计算得到的褥垫层最大厚度乘以 0.4 左右，才能与通常采用的常规 0.2~0.3m 的褥垫层厚度相吻合，此时，太沙基对数螺旋破坏面远没有展开，必然出现桩头明显"集中力"的情况。

杨光华、李德吉、官大庶[159]采用原状土切线模量法分别计算地基

土和桩基的非线性 $P-s$（荷载 – 沉降）曲线，通过控制沉降量和调整垫层的厚度，协调桩、土的相对刚度，使天然地基和桩基的承载力充分发挥，取垫层的变形模量 $E=50MPa$，计算结果为：当褥垫层的厚度调整为 0.57m 时，才能使桩、土都刚好达到设定的承载力，此时，计算用桩量为 305 根，桩、土应力比为 33.81，该工程桩径 $d=0.50m$，基础底板宽 22m，长按照 82m 计算（原文图示长为 92m，但根据其他数据反算为 82m），按照式（3–3），计算可得褥垫层厚度的最小值：

$\varphi=30°$ 时褥垫层厚度最小值 hmin $=2199mm$；

$\varphi=35°$ 时褥垫层厚度最小值 hmin $=1474mm$；

$\varphi=40°$ 时褥垫层厚度最小值 hmin $=988mm$；

$\varphi=45°$ 时褥垫层厚度最小值 hmin $=654mm$。

按照式（3–4），桩径 $d=0.50m$，计算可得褥垫层厚度的最大值：

$\varphi=30°$ 时褥垫层厚度最大值 hmax $=714mm$；

$\varphi=35°$ 时褥垫层厚度最大值 hmax $=1050mm$；

$\varphi=40°$ 时褥垫层厚度最大值 hmax $=1564mm$；

$\varphi=45°$ 时褥垫层厚度最大值 hmax $=2398mm$。

对比上述计算结果，可知对于内摩擦角 $\varphi=30°$ 或 $\varphi=35°$ 常规砂石材料的褥垫层，若要满足褥垫层顶面处荷载均布，通常需要 1m 以上的褥垫层厚度；而若要满足褥垫层不发生太沙基整体破坏的条件，则需要 1m 以下的褥垫层厚度，由于实际工程中褥垫层的取值更要低很多，可知复合地基的承载力的确是"被平均"的。

但传统规范[287]中计算刚性桩复合地基承载力特征值采用如下通用公式

$$f_{spk}=mRa/Ap+\beta\ (1-m)\ f_{sk} \qquad (3-5)$$

式中

β——桩间土承载力折减系数，宜按地区经验取值，如无经验时可取 0.75 ~ 0.95，天然地基承载力较高时取大值；

f_{spk}——复合地基承载力特征值（kPa）；

m—— 面积置换率；

Ra——单桩竖向承载力特征值（kN）；

Ap——桩的截面积（m²）；

f_{sk}——桩间土承载力特征值（kPa）。

由于公式（3－5）对桩与土总的竖向承载力进行了折减，因此，尽管不同工程具体的桩土共同工作的情况会有所不同，但总体上是合理的，而且该公式形式简单，可以方便地用于地基的设计。

但进行刚性桩复合地基所通常采用的筏板基础的设计时，由于基底的承载力事实上不是平均的，当桩间土承载力与复合地基承载力相差较大，或者桩土应力比较大时，例如对于端承效果较好的刚性桩与软土组成的复合地基，尽管通常设计的筏板基础的厚度较大，基础造价提高同桩基础进行方案综合比较反而不经济[160]，且仍有可能出现筏板多数部位有较大富余但局部抗力不足的情况。

目前的刚性桩复合地基的应用已经由早期北京地区承载力能达到200kPa的硬土与半刚性CFG桩的筏板下整体的桩土复合，发展为软土液化土与素混凝土甚至PHC高强刚性桩的复合、柱下以及墙下布桩局部的复合，褥垫层的材料也由碎石、砂等散体垫层发展为三七灰土等半胶结材料垫层，在龚晓南院士主编的复合地基技术规范[291]（征求意见稿）中对于垫层的设置更加灵活（复合地基上宜设置垫层。根据不同需要设置砂石垫层、加筋碎石垫层、灰土垫层等），复合地基与复合桩基的在工程实践中的应用对象和应用方法越来越趋同，但复台地基的设计理论特别是基桩抗震性能的理论远远落后于实践，复合地基抗震性能与桩基础的抗震性能都应当是工程抗震防灾研究的重要方面，但复合地基动力特性的研究和潜在的风险远没有得到应有的重视。为保证桩土共同承担荷载，复合地基技术规范（征求意见稿）[291]中"复合地基中桩体采用刚性桩时应选用摩擦型桩。"的规定，在一定意义上也是出于对素混凝土、低配筋高强混凝土等延性较差的刚性桩水平承载能力低的考虑，但这一规定在讨论时却遭到了不少反对和质疑。

事实上，这样的限制显然是很有道理的，也反映出褥垫层在调节基底承载力方面存在着不足，复合地基"复合"后的承载力其实是"被平均"的。如前文所述，由于褥垫层常规采用的砂石等材料和碾压夯实的工艺要求形成了较高的变形模量，对于常规0.2~0.3m褥垫层厚度的复合地基来说，地基土的承载力往往不能得到充分发挥，桩土应力比较高，在荷载较大和后期地基土应力松弛的情况下，复合地基中的刚性桩甚至有可能超过其承载力设计值，而向其承载力极限值趋近，即具有了复合桩基的某些特征，这就与其说是龚晓南[151]院士所提出的考虑桩土共同作用的摩擦桩基也可认为是刚性桩复合地基,而是相反,不如说是褥垫层较薄、刚度较大的刚性桩复合地基可认为是复合桩基了,因此,类似于对复合桩基的限制,也就应该限制刚性桩复合地基中的混凝土桩只能采用摩擦型桩了。

3.3.4 "流动补偿"导致垫层流失

闫明礼、刘国安、杨军、吴春林、唐建中[319]的水平静力试验表明,在相同的竖向和水平荷载下,垫层厚度越大,桩头的水平位移越小。郑刚等通过刚性桩复合地基在水平荷载作用下工作性状的模型试验,证实在相同的竖向荷载作用下,褥垫层越厚,土与基底接触压力越大,对素混凝土桩复合地基承受水平荷载是最为有利的组合;反之,褥垫层较薄,土与基底接触压力较小,则不利于其承受水平荷载。但在清华大学宋二祥、武思宇[320],湖南大学夏栋舟、何益斌[321]等人对刚性桩复合地基抗震性能的研究中,有限元的计算结果都出现了"垫层模量越大(或垫层越薄),其桩头附近的桩身弯矩峰值越小"的反常现象,关于垫层厚度增加(或模量减小)使桩身地震弯矩增加,宋二祥、武思宇[320]解释为"当垫层厚度较大时,静力计算中桩的上刺入较大,桩受到土的负摩擦也较大,这样与桩顶附近一小段桩相邻的桩间土中竖向应力急剧减小,相应的其模量也急剧减小。桩间土模量的急剧变化,使随后计算的地震弯矩增大,并且这种增大作用在量上超过了我们通常所理解的垫层厚度增加使桩身弯矩减小的作用"。上述矛盾说明,对于褥垫层隔震减震作用与效果不能盲目乐观,还需要辩证地、科学地进一步研究其利弊。

产生上述反常现象的另一个原因是传统有限元计算分析对褥垫层模量取值的方法,即桩顶褥垫层的模量与桩间土褥垫层的模量取为同一数值,但褥垫层常用碎石、粗砂,与天然地基的土壤一样,虽然在固结后宏观上表现为一定的结构性,但本身是散体材料,是非连续体,当采用有限元软件进行计算时,无论采用何种本构模型,都默认其为某种连续的胶结体,这对于较大大尺度的土壤受力计算分析是可行的,但对于厚度很薄的褥垫层却可能产生较大的误差。现有针对褥垫层模量的研究大多笼统地提出,褥垫层的模量不能过小,也不能过大,但事实上,褥垫层的模量是随着上部荷载的增大不断变化的,而且作为散体材料还要有较好的流动补偿特性，位于桩顶部位与位于桩间不同部位褥垫层的模量都会不用，在有限元计算分析时将褥垫层设定为均一不变的模量值不尽合理，刚性桩复合地基桩土应力比存在，也可在一定程度上证明桩顶褥垫层的模量与桩间土褥垫层的模量是不同的，但具体应当如何区别取值，还需要进一步的研究。

流动补偿是褥垫层发挥调节桩土应力比形成桩土共同工作作用的基本机理，但考虑到褥垫层流动补偿的不利因素，浙江省工程建设标准《复合地基技术规程》（DB33/1051—2008）[161] 中 9.2.5 条规定"褥垫层外围宜设置围梁"。解说中有如下说明："垫层外围设置围梁能保证周边的垫层不致流失，并可保证边缘垫层在围梁约束下能很好地发挥作用。在荷载板试验时也要求周围有围梁。"《刚 – 柔性桩复合地基技术规程》（JGJ/T210—2010）[52] 解说中也有类似的说明："规程规定褥垫层设置范围宜比基础外围每边大 200~300mm，主要考虑当基础四周易因褥垫层过早向基础范围以外挤出而导致桩、土的承载力不能完全发挥。若基础侧面土质较好褥垫层设置范围可适当减小，也可在基础下四边设置围梁，防止褥垫层侧向挤出。"

有限数量基桩与邻近围梁的组合可视作桩伴侣的构造形式，现阶段，上述规范可暂时作为桩伴侣工程应用的初步依据。正如 3.3.3 节所述，如果增大褥垫层的厚度，将导致褥垫层本身的剪切破坏，使地基土的承载力发挥受限。设置伴侣就可阻断褥垫层发生类似 Terzaghi 整体剪切滑移线、Mandel 与 Salencon 破坏模式或球孔扩张破坏的路径，不仅提高了竖向承载的可靠性，也会对基桩的水平承载发挥积极的作用。

3.4 与桩伴侣类似技术研究综述与对比分析

3.4.1 桩顶预留净空技术

继复合地基褥垫层技术发明以来，地基中的刚性竖向增强体（桩）与基础底板的构造形式形成了两大阵营：一是桩基础，其特征是直接与基础底板刚接，节点承担竖向、水平、弯矩与扭转荷载；二是带褥垫复合地基的刚性桩则完全与基础底板脱离，桩端嵌固较好可视为刚接，桩头则为自由状态，在桩间土的裹挟下通过侧向的负摩阻力和桩顶的扩散应力来承担竖向荷载。上述两种形式中的桩的构造与受力形式存在很大的差异。

天津大学郑刚教授等人在上述两种构造形式之外，又提出一种新的构造形式——桩顶预留净空或可压缩垫块[162]，展开了一系列相关的研究[163,167]（图 3 - 18）。

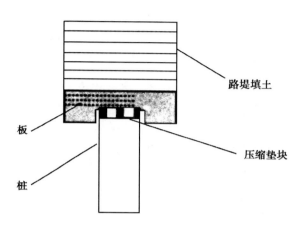

图 3 - 18[162]　**桩顶预留净空的低板桩板结构**

郑刚、纪颖波、刘双菊、荆志东[162]在常规桩筏基础上，通过在桩顶设置预留净空或可压缩垫块，在路基处理中提出了利用部分路基填土荷载对土进行预压，然后再使桩主要承担荷载的设想，实现对桩身上部及桩端下土提前进行压密以减小工后沉降。在桩顶与筏板接触上之前，土承担主要的荷载。桩顶预留一定高度的净空可以使桩身上部及桩端下土提前进行压密，减少桩端贯入量，并使部分土固结产生的沉降提前发生，并达到有效减小工后沉降的目的。在对京津城际轨道 CFG 桩地基处理进行有限元数值模拟分析的基础上，在桩顶与筏板之间引入净空，桩顶与筏板接触的常规桩筏基础的桩土相互作用及沉降发展的对比表明：预留净空桩（或可压缩垫块）基础在路基中应用时最终沉降小。在文献[162]的图示中（图 3 - 18），预留净空桩（或可压缩垫块）的净空或垫块周围设置有刚性约束，疑似采用了桩伴侣的构造措施，但该刚性约束似乎是通过局部削弱减薄路基的结构层以"凹"的方式实现的，而常规的桩伴侣设置则是局部增强加厚基础底板（承台）以"凸"的方式实现。

郑刚等学者[162,167]对预留净空技术的主要学术观点还包括以下两点。

（1）桩顶预留净空的方法，可通过调整桩顶预留净空值来事先确定欲使用的土承载力。其荷载传递过程简单，桩与桩间土承载力的发挥明确，在加荷前期，桩顶预留净空可有效地发挥土的承载能力；当桩顶与土接触后，桩即可主要承担随后增加的荷载，并迅速控制沉降。

（2）为解决高层建筑桩筏基础的碟形差异沉降，可以通过在群桩基础中沉降较小的桩的桩顶设置一定刚度的垫块，通过垫块的受力压缩来调整桩的承载力，改变基础的内力分布与沉降，使得各桩均匀受力，基础均匀沉降。

桩顶预留净空的构造特点和承载性状以及及其相关的学术观点对桩伴侣产生了巨大的影响、启发和鼓舞。罗宏渊、尤天直、张乃瑞[168]曾在基础底板下垫泡沫板解决主楼与裙房间的沉降差异；中国石油大学储运与建筑工程学院、山东信诚建筑规划设计有限公司李静、吴葆永、姜琳、王林富、李娟[169]首次提出在桩顶黏贴一块 10mm 厚的聚苯乙烯泡沫板，并在泡沫板上铺设 150mm 厚砂垫层的一种新型构造方式。在山东省东营市伟浩中央花园，通过不同状态下的现场静载荷试验，对竖向荷载作用下，承压板与桩顶新型构造方式下的粉喷桩单桩复合地基以及自由单桩的承载特性进行了对比研究。结果表明：承压板与桩顶新型构造方式下的粉喷桩单桩复合地基承载力比自由单桩承载力增加很多；承压板与桩顶新型构造方式可有效利用土的承载力，减少桩顶应力过分集中，同时可使桩间土压缩提前发生，强化桩土相互作用，使得桩土更趋于整体沉降，达到有效减小工后沉降的目的。（参见图 3-19）

对于常规桩基础的构造形式，由于基础底板（承台）的刚度较大，是桩的嵌固端，而且桩中钢筋要求锚固进入基础底板（承台），桩头应视为为刚接（图 3-20），如果施工质量差或者桩中钢筋采取了一些其他构造措施未完全锚固，则在水平荷载作用下，桩头形成塑性铰，桩头转化为铰接形式。由于刚接相互传递弯矩，无相对转动，则无论是上部结构的倾斜或者是桩的倾斜（例如受到压力差），都会影响到对方发生相同的转动，从而会由于桩身的断裂导致上部结构的倾覆破坏。

如果没有其他构造措施，桩顶预留净空与褥垫层类似，桩头仍为自由状态（图 3-21），当桩受到水平荷载的作用，自身容易发生倾斜从

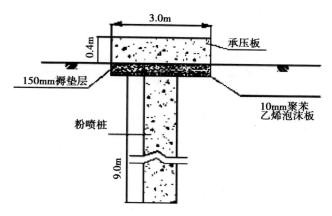

图 3 - 19[169]　**桩顶与承压板新型构造方式示意图**

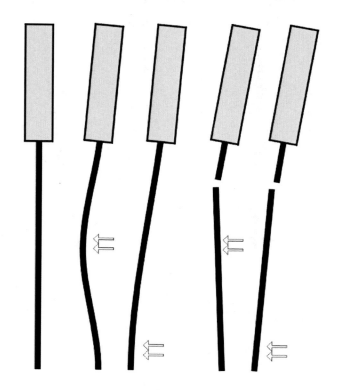

图 3 - 20　桩头刚接破坏模式示意

而降低荷载传递的能力和复合地基整体承载力不足。桩伴侣将桩与基础底板的连接关系由刚接或自由变为了一种中间过渡的"铰接"或"弹性滑动"支撑形式（图3-22）。首先，类似于褥垫或桩顶预留净空，桩可通过侧向的负摩阻力和（或）桩顶的扩散应力来承担竖向荷载；第二，在水平方向，桩伴侣对桩头形成了弹性约束，约束刚度取决于桩与桩伴侣之间的距离和填充材料的模量；第三，桩伴侣作为基础底板的组成部分可用于承担基础底板传下来的弯矩和扭矩。总之，桩伴侣承担着刚性的基础底板和上部结构与刚性桩之间承上启下的过渡作用。

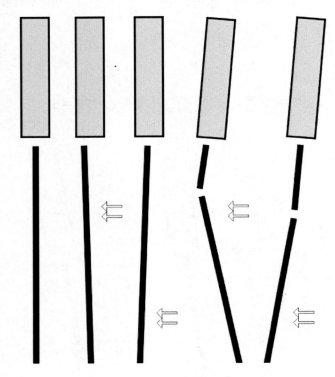

图3-21　桩头自由破坏模式示意

3.4.2　桩端位移调节装置

2005年以来，南京工业大学申报了多项有关桩端位移调节的专利，比较典型的有以下三项。

（1）地基复合桩基施工工艺及其桩端位移调节装置[170]（200510040317.9）。

（2）桩端位移调节装置[171]（200510040316.4）。

（3）桩基沉降可调式承载桩[172]（200510041496.8）。

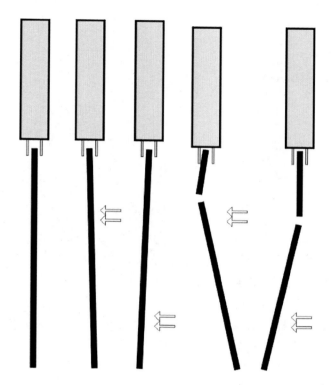

图 3 - 22　桩头"铰接"或"弹性滑动"破坏模式示意

　　发明人有宰金珉、裴捷、廖河山、周峰、梅国雄、王旭东等学者，发明的共同特征是：调节装置由缸体、顶板和伸缩元件组成，顶板和伸缩元件设在缸体内，伸缩元件位于由缸体和顶板围成的腔体内（参见图 3 - 23）。宰金珉、周峰、梅国雄[173,174]等相关的研究中又称其为自适应位移调节或桩土变形调节装置。此类位移调节装置能够调节建筑桩基桩顶位移的大小和竖向刚度的大小。用于建筑物时，在受力初始阶段能承受一定的荷载，随着荷载的持续增大，开始屈服并产生变形，以此让地基土参与承担上部结构荷载，同时消除建筑物整体差异沉降所产生的对筏板的影响。受力和变形呈非线性关系，如果持续增加荷载，在完成预先给定的位移调节量后，从而保证建筑物的整体安全。

　　在孤石上设置端承桩且在端承桩上设置用于调节沉降差异的位移调节装置，成功解决不均匀花岗岩残积土地基较难建造高层建筑物的问题，在厦门嘉益大厦等工程中已有不少成功的案例[175~177]；郭亮[178]、

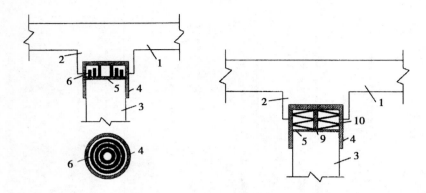

图 3 – 23[170]　　位移调节装置

周峰[179]、刘壮志等分别通过摩擦桩和端承型室内模型实验验证了位移调节器的人为按需设置可优化桩筏基础的支承刚度，非均布荷载下可减小基础的差异沉降，顺利实现变刚度调平。

为应对孤石，丁朝辉、何峥嵘、江欢成、杜刚[180]也提出了一种新型的空腔后填式桩土承载力调节装置，参见图 3 – 24，该装置将在厦门当代天境的超高层住宅项目中得以应用。

此类用于桩头或桩脚[66,67]装置，与上一节的桩顶预留净空类似，其工作原理都是要解决桩与土变形协调的问题，让天然地基首先承受一部分上部荷载，在地基产生一定的变形后，再由天然地基和桩基共同承受剩余的荷载。在理论和实践上均超越了复合地基褥垫层桩土共同、同时工作各自分担比不确定的局限，开创了桩土各自、分别、先后工作的"共同作用"新模式，也使得褥垫层复合地基或复合桩基不再局限于摩擦桩，进一步拓展为将端承桩用于复合地基或复合桩基。

另据了解，应用此类用于桩头的调节装置均要在基础底板上保留混凝土的浇灌孔，在上部结构施工到一定阶段后仍将与基础底板刚接，保持间接基础的外形。为减小基础底板的冲切应力，应尽量在墙下或柱下布桩布置，如果一味要保留间接基础的外形而在后期浇灌混凝土，势必要失去墙下或柱下布桩的优越性。这也反映出位移调节装置"革命"的不彻底。另外，在调动地基土的承载力以后，将减小用桩量，同时会削弱群桩整体的水平承载能力，为保证水平承载能力不降低（甚至还应当加强），是否还应当考虑其他措施（例如桩伴侣）来弥补水平承载的缺失呢？

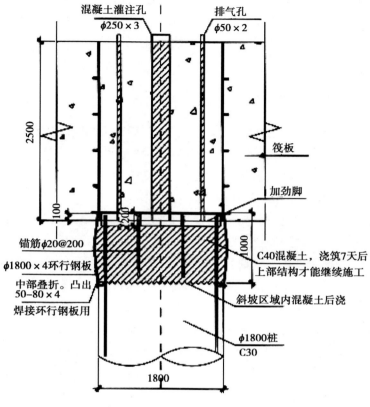

图 3 − 24[180]　后填式桩土承载力调节装置

3.4.3　桩帽（桩头部扩大）

目前报道的有扩顶 CFG 桩[181]在石油储罐工程和带帽[182~185]PTC 预应力管桩在深厚软土地基处理中的应用。此类，可归结为桩头部位断面的扩大，这种带帽的桩型可理解为改变桩身纵断面的逐节变径桩的一种特殊状态，如果上面铺设褥垫层、常在公路、铁路路基中应用于刚性桩复合地基称为桩帽；如果直接接入基础底板，则相当于承台。路基中做刚性桩复合地基通常承载力较低、桩距较大，形成复合地基需要褥垫层厚度过大，桩帽用来收集荷载防止桩头过度刺入。有关带帽刚性桩复合地基的研究显示，桩帽下面的土体沉降较小，承载能力得不到充分发挥。

若将桩帽或承台的中间换成地基土或垫层等模量较低的材料，则演变为桩伴侣。伴侣可直接与路基的结构层连接，既增大了结构层的刚度，又扩散了刚性桩顶的集中力，还促进了原桩帽下地基土承载力的发挥，而且节省了钢筋、混凝土等昂贵的建筑材料，简化了施工程序，回避了质量控制难题，一举多得。

3.4.4 基桩的防震构造

在桩伴侣专利的实质性审查中，专利审查员与一日本专利"基桩的防震构造[186,187]"［基礎杭の耐震構造（特開平9-310356），发明人是日本东京海老根儀助］进行了对比，也认可了发明桩头的箍与带箍的桩（ZL200710160966.1）的新颖性与创造性。

日本专利"基桩的防震构造"的发明目的是通过对基础桩的上端部做地震缓冲处理使建筑防震成为可能。参见图3－25"基础桩的防震构造"竖向剖面图。构成是基础桩（1）的最上面部分设置防震构造物（2）。在基础桩（1）的上部外围嵌入若干外围弹性缓冲环（5）。外围缓冲环的上面设置有上部缓冲环（6）。在外周围缓冲环（5）的内周面设有数条竖方向的缓冲突条（7）。上部缓冲体（6）设有一定间隔的竖向贯通孔（8），使得缓冲突条（7）能够穿过。内部还设有越往上越尖（锥状）倾斜孔（9）是这个装置的一个特点。

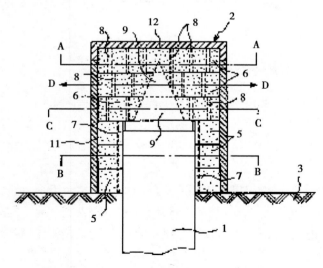

图3－25[186]　　"基础桩的防震构造"竖向剖面图

　　这项发明是一项有关为了缓冲地震时上下震动，或者左右的摇摆，对建筑物的基础桩的上部进行缓冲处理的防震构造。以前这种类型的防震基础桩是在桩的上部设弹性缓冲体，缓冲体上部嵌有金属盖的方式，或者用特殊的保护膜和金属板相互叠加来形成防震的目的。以前这种基础桩防震构造，一种是通过建筑本体和基础桩之间嵌入弹性缓冲体，虽然可以对一定程度上的地震动实现缓冲，但是对于来自上方压力，或者左右的摇摆还不能实现充分的免震作用。另一种，是通过保护板和金属板的相互叠加，虽然也可以实现一定意义上的防震，减轻地震灾害但是还是无法解决水平方向摇摆的地震力，受到震动后产生变形，破坏的问题依然存在。日本专利"基础桩的防震构造"对于以前的装置的问题点引以为戒，通过对基础桩最上部设置带有若干贯通孔的上部缓冲装置，同时，上部缓冲装置的内周面设有竖向缓冲突条和外围缓冲体嵌和。这样一来，对于上下压力和左右摇摆有显著的吸收能力。

　　日本专利"基桩的防震构造"发明的作用是利用这种防震基础构造，在破环多发基础桩上部设置，在发生地震的时候，由于在基础桩上部外围设外围缓冲环分几段嵌合，这个上面设有若干上部缓冲体。通过竖向的缓冲条和贯通孔实现连接。对于上下左右的震动吸收，地下构造物的变形破环起到有效的作用。发明的效果如上所述，通过在基础桩最上面设置防震构造缓冲体，产生较大地震时对于震动的吸收，变形破环的防止，左右摇摆起到很大程度的减轻作用。通过外周缓冲环和上部环和上部缓冲体的这两种缓冲材料的叠加，对于左右摇摆，上下震动的缓和，支持有很好的作用。外围缓冲环内竖向缓冲突条的设置，也对于左右方向震动抑制起到有效作用。同时通过上部缓冲体的竖向贯通孔的穿过连接，对于来自上部的震动压力也起到很好的缓冲的效果。还有，上部缓冲体内部的倾斜孔，使得来自上部的地震动压力显著减轻，对构造物的保护起到很好效果。再加上外围的环带体和上部的金属盖对于这内部的两种缓冲材料起到充分保护作用，防止变形和破坏。

　　常规的桩基础，桩与基础地板（承台）刚接，需要用很大的工程代价来协调上部结构与地基之间刚度突变，"基桩的防震构造"、桩伴侣与褥垫复合地基、桩顶预留沉降等技术的共同之处在于：桩与基础地板（承台）不直接连接，本质上是提供了缓冲的空间，桩伴侣技术则最大限度地实现了桩与上部"分而不离"。

3.4.5　减震隔震的其他类似技术

3.4.5.1　自回复跷动减震结构

自回复跷动减震技术[188,189]是一种新型的隔震减震技术，它使结构发生跷动的同时，能够消除结构的残余变形或者使结构的残余变形维持在一个足够低的水平。孙飞飞、曹鹄[190]进行了自回复跷动减震结构地震反应分析，对自回复跷动减震结构体系进行推覆－卸载和增量动力分析（IDA），提出自回复跷动减震结构抗震性能的快速评估方法；验证在大震作用下，自回复跷动减震结构具有显著减小结构位移响应、减小结构残余位移（即自回复）和耗能的减震性能；随着地震波强度的增大，自回复跷动减震结构具有显著的自回复性能。自回复跷动减震体系如图 3 – 26[190]所示。

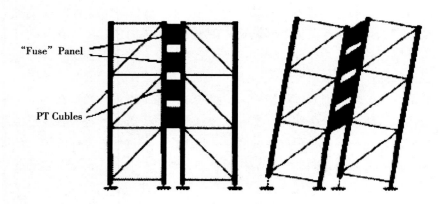

图 3 – 26[190]　自回复跷动减震结构图示

将桩伴侣作为间接基础，伴侣相对于基桩可以有一定的上下位移和微小转动的空间，发生跷动后又可通过"止转"恢复，两者有很大的类似之处。

3.4.5.2　柔性桩隔震消能体系

新西兰学者[191,192]最早提出了柔性桩消能隔震体系的构想。通过桩本身的柔度来提供隔震体系所需要的变形能力。在传统桩的基础上，将桩灌入刚性桩筒内，使桩与土之间保持合适的净空，形成柔性桩芯与刚性桩筒，并在桩顶安装抗弯弹簧及消能装置，使结构在非大震条件下的工作与传统结构无异，而在大震情况下，抗弯弹簧失效，桩基变成柔性隔震层，同时，消能装置开始工作，隔震体系形成。基于这一构想，新西兰于 1983 年建成了第一座柔性桩隔震结构[193,194]并正常工作至今。邹立华、孙琪、方雷庆、张芝华、周鹏[195]以一典型的柔性桩隔震消能结构为例，分析研究了其隔震性能及控制效果以及各主要参数对控制效果的影响。研究结果表明：柔性桩隔震消能体系能有效减小结构的地震力响应，对柔性桩消能隔震体系施加主动控制，可以有效降低桩顶与套管壁之间碰撞的可能性，同时，结构上部竖向荷载上部结构刚度及桩长等对结构的控制效果有显著的影响。如图 3 - 27 所示，为一柔性桩隔震消能体系[195]，由于下部桩与套管之间有一定的间隙，将结构与可能发生有地震运动的土层分开，可假设桩的两端铰接，上端铰接于柱底，下端铰接于岩石层，整个桩基为一个几何可变体系。将伴侣延伸至桩端以下，桩伴侣则形成类似的体系。

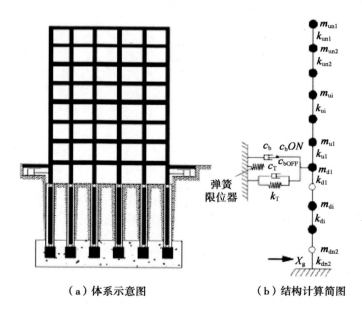

（a）体系示意图　　　　（b）结构计算简图

图 3 - 27[195]　柔性桩隔震消能体系示意图

3.4.5.3 承台与桩的柔性连接结构

2010 年，哈尔滨工程大学申请了一种承台与桩的柔性连接结构[196,197]（参见图 3 - 28），发明人是刘兵、王振清、梁文彦、韩玉来、孟祥男、刘方。该发明提供的是一种承台与桩的柔性连接结构。包括在承台和桩，承台底面设有榫头，桩的上端设有与榫头对应的榫槽，桩的上端顶面、榫槽底面及榫槽内壁侧面均贴有硫化多孔像胶板。在建筑物桩端与承台下部榫头之间的硫化多孔橡胶板可消纳大量的地震冲击荷载，有效地减少地震荷载对建筑物主体结构的破坏，提高了建筑物的抗震性能。

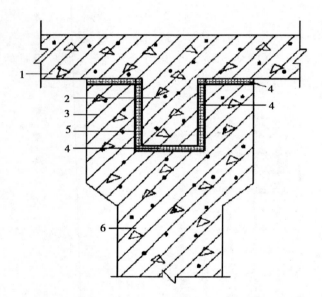

图 3 - 28[196]　承台与桩的柔性连接结构

承台与桩的柔性连接结构[196,197]的技术特点主要是榫头以及桩头部位的扩大，但没有考虑预留桩头的向上刺入的空间，属于对间接基础的改良，笔者建议可通过增大桩的上端顶面和榫槽底面之间硫化多孔像胶板的高度、且降低隔层材料的模量来预留桩间土的沉降空间；另外，如果再适当增大榫槽内壁侧面之间隔层材料的厚度，则可以起到类似于自回复跷动减震[188,189]的作用。

桩伴侣也可视作是一种榫头的构造，只不过是伴侣在外，而桩在内。

3.4.6　桩身局部缓冲的其他类似技术

缓冲与隔震两个词的含义多数情况下可以通用，并没有本质上的区别。将本节减震隔震相区分，主要是因为这两个小节技术的所要解决工程问题的侧重点不同。

3.4.6.1　结构灌浆桩－套筒连接

灌浆桩－套筒连接实际上是钢结构中一种替代焊接和栓接的创新性连接方式，因此，国内常规的翻译称为"灌浆套筒连接[198]"，最早应用于海洋平台桩腿和基础钢管桩的连接[199,200]，也用于风力涡轮机支架连接，（图 3－29[201]），内外管间通过灌注水泥以减少钢管挠曲变形并防止腐蚀。由于水泥浆体的存在，节点极限承载力和疲劳性能也会同时得到改善。设置抗剪键。在不设抗剪键时，灌浆套管连接的破坏形式主要是接触面间的摩擦滑移，利用摩擦来耗能的想法逐渐被研究人员所关注，这种应用的前提是保证往复荷载下的摩擦力不显著降低。赵晓林[202]、赵媛媛、蒋首超[203]等学者通过对灌浆套管连接在往复荷载下的试验发现，这种连接在往复荷载下滞回环饱满，具有很好的耗能能力。

笔者将其列为桩伴侣的类似技术，是因为相对于钢与水泥之间存在一个数量级的弹性模量差，而低强度混凝土桩与土之间也有若干数量级的模量差，两者之间的研究方法和结论有一定的借鉴之处。

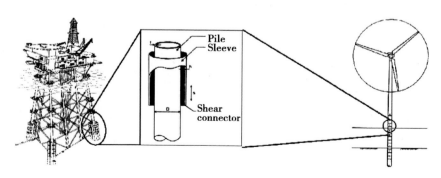

图 3－29[201]　海洋平台和风力涡轮机支架中的灌浆套管连接

3.4.6.2 桩"扣眼"

当有载荷作用于土壤表面，将发生土的侧向位移。当支撑建筑物的群桩下方遇到"压力差"，也会产生桩间土位移，横向运动的地基土对桩施加被动土压力，引起桩身的剪切应力（图 3 - 30[204]）。

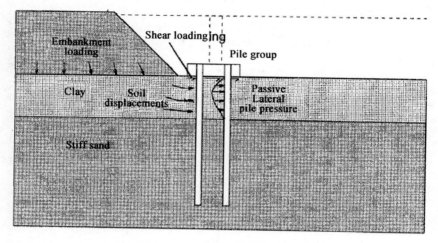

图 3 - 30[204]   相邻超载引起的群桩荷载

较大的"压力差"可能会超过基桩的极限弯矩，引起桩身失效破坏，或者横向位移过大，影响正常使用。剑桥大学 Bransby M. F（布兰斯比）[205]提出"扣眼"桩技术来缓解桩身的应力，参见图 3 - 31[204]。该技术之所以称为"扣眼"，是因为桩如同在"扣眼"中的"纽扣"。Bransby M. F 和 Springman S. M（斯普林曼）[204]利用用离心机模型试验研究了桩间土运动作用于桩身的被动土压力所引起的桩和承台的内力和位移，结果显示："扣眼"技术减小了桩间土运动作用于桩身的被动土压力，但是增大了承台的剪力；而且，当附加荷载 $q = 200$kPa 时，群桩位移由 0.077m 减小到 0.043m。

图 3 - 31[204]所示的"扣眼"桩技术中桩头部位的"引导环"与伴侣很相像，而"扣眼"则是桩身上部预留的水平位移空间，桩并不与土同时抵抗水平荷载，而是"后发制人"，体现了在桩的水平承载方面的"止动"。

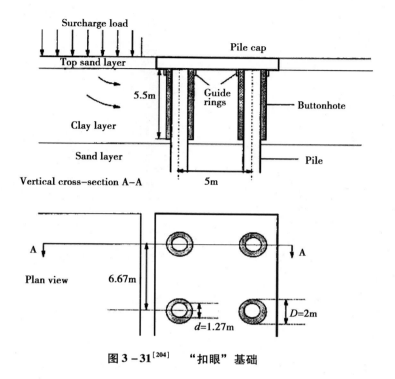

图 3 - 31[204] "扣眼"基础

3.4.6.3 桩"套袖"

当高层建筑的桩基位于斜坡或挡土墙上时，由于台风、地震等引起作用于桩的水平力也可能会引起边坡的局部不稳定甚至整体破坏（如图 3 - 32[205] 所示）。为了减小水平受荷的桩向斜坡或挡土墙传递水平荷载，提高斜坡或挡土墙的稳定性，香港地区早在 1986 年，就开始在桩与斜坡的交界处给桩设置一定深度的"套袖"或"套管"，称为"Sleeved pile"或"Pile sleeving"，来保护斜坡或挡土墙[206,207]，参见图 3 - 33[205]。

对于一个带"套袖"的桩，在桩外侧设有内衬，外面是一个永久的钢套管用来保护基桩，钢套管与内衬之间为可压缩材料或中空，压缩材料通常选择软木、聚苯乙烯等。图 3 - 34[208] 所示为中国香港采用的桩"套袖"的典型形式。

Charles W. W. Ng（查尔斯）[208]、L. M. ZHANG（张）[209]、Kenneth F. Dunker（肯尼斯敦克尔）[210] 等学者对桩"套袖"进行了研究，研究

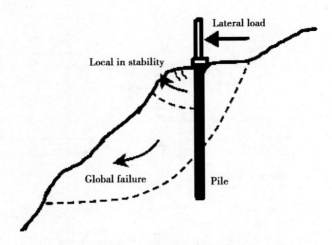

图 3 - 32[205]　水平荷载作用下的基桩引起边坡失稳

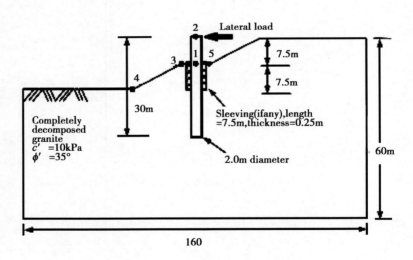

图 3 - 33[205]　桩-斜坡系统断面

结论显示出桩"套袖"的起到了较大的作用，C. W. W. Ng 等[205]以图 3 - 33[205]的参数进行三维有限元计算，带"套袖"与不带"套袖"相比，边坡的整体与局部稳定的安全系数均提高了大约一倍。

　　桩"扣眼"是应对比桩高的土产生"压力差"；桩"套袖"是避免对比桩低的土产生"压力差"，那么，如果桩两侧的土一样高，没有"压力差"呢？本书对桩伴侣水平荷载作用下的工作性状展开了研究。

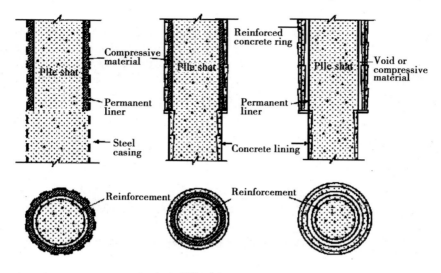

图 3-34[208]　典型的桩"套袖"

3.5　桩伴侣对间接基础改进方式的探讨

按照是否将基础底板与桩头脱离一定的距离或者采取措施降低基础底板与桩头之间一定高度范围材料的模量，上述各类"伴侣"对间接基础的改进大体上可分为"改良"和"革命"两大类。桩的支承刚度越大，则土的承载力的发挥就越小，反之，如果要利用地基土的承载力，就需要设法降低桩的支承刚度，在本书中对于基础底板与桩始终保持刚接、对间接基础"改良性"改进的主流研究不断渗透对其改进的"再改进"思想，是仅针对学术本身"否定之否定"的哲学批判。

3.5.1　不改变间接基础属性的改进方式

改良型改进不改变桩基础作为间接基础的属性，只是针对"应力最大而约束最小"的部位——"桩头"进行有限的局部改良，在桩头额外为桩设置伴侣，以改善桩顶的应力状态，而对竖向承载性状几乎没有影响。

设置伴侣与局部扩大桩头直径的原理有所不同。局部扩大桩头直径的基本原理是根据应力的大小确定断面和配筋，桩头直径扩大后，桩土分担的水平荷载重新分配，桩头应力水平又有提高，于是，还需要再进一步增大桩头的断面和配筋，如此往复，直到桩的断面和配筋满足受力要求，即做"加法"；设置伴侣的目的是为减小桩身的应力水平，而增加伴侣自身应力，甚至"牺牲伴侣"以换取桩身的安全，即做"减法"，基本原理是：增大水平荷载向地基土的传递面积和传递能力。

由于间接基础存在着基础底板与上部地基土接触压力低甚至基础底板与上部地基土脱离（负摩阻力），于是，基础底板就将作用于其上的水平荷载大部分或几乎全部传递到桩头部位，而设置伴侣后，伴侣与地基土形成咬合关系，基础底板就可通过伴侣将较多的水平荷载传递到地基土中，从而减小分配到桩的水平荷载，减小桩头的应力水平。

3.5.2　将间接基础改造为直接基础改进方式

传统桩基础的构造形式隔过上部地基土而将荷载传递到下部持力层，限制了上部天然地基承载力的发挥，避免上述缺点的最优方法是对传统桩基础的构造形式进行彻底的扬弃，从而将桩基础改造为直接基础。

如果使用桩伴侣，只要将桩顶与基础底板之间预留沉降空间，就可以实现这样的"革命"。将桩与基础底板脱离开后，根据变刚度调平的要求，可调整预留净空的距离或者桩顶与基础底板之间填充材料的模量，将彻底改变间接基础的竖向承载性状，上部地基土的承压能力充分调动，荷载－沉降曲线将呈现渐进性破坏，桩伴侣的应用，还可实现荷载－沉降曲线的斜率由逐渐增大转而逐渐减小的"止沉"效果，桩间土的"负摩阻力"和伴侣都会增强的桩头的约束作用，显著减小桩头的应力水平。

相对于褥垫层复合地基中的刚性桩，桩伴侣本身还具有一定的抗拔能力。另外，本书的附录中还提出了"一种改变桩受力状态的方法[142]"（ZL200910006898.2），也通过简单的连接使作为直接基础的桩承受上拔拉力。

第四章 竖向荷载作用下桩伴侣工作性状研究

4.1 基于计算不收敛准则的桩伴侣极限承载力有限元分析

岩土在线论坛（www. yantubbs. com）来自同济大学地下建筑与工程系的 Geofem[304]采用 Z_ SOIL2D/3D 软件建立了三维数值模型，对褥垫层和桩伴侣进行了比较。模型的基本条件：考虑桩伴侣外径 1.5m，厚度 25cm，高度 30cm，为 C30 混凝土（弹性）。桩为直径 500mm，长度 18m。桩端地基承载力 1000kPa，桩侧壁与土摩擦系数 0.6，筏板为与桩伴侣等直径 50cm 厚 C30 混凝土板。模拟过程为 0T 开始不断加载，直至土体破坏。未考虑桩伴侣的模型同上，将桩伴侣的材料改为土体材料（类似于带褥垫的复合地基）。计算结果如图 4 – 1[304]所示。Geofem 认为桩伴侣的数值分析表明以下两点。

（1）就目前的前提与假设条件，带桩伴侣的极限承载力（以计算不收敛作为准则）较普通桩基高；

（2）但就加载曲线的斜率来说，当荷载同为 240kPa 的条件下，使用桩伴侣与未使用桩伴侣对应的竖向位移均为 2cm 左右，差别很小（2.13cm/2.30cm）。而对应 560kPa 的沉降量已经是大于 10cm 了，对于变形控制要求的建筑物可能适用性上有问题。

以计算不收敛作为准则，Geofem[304]模型表明桩伴侣比复合地基的极限承载力提高了 40%，如果与难以利用天然地基承载力的桩基础（间接基础）相比，极限承载力提高幅度更大。本书也进行了类似的桩伴侣有限元数值模拟，结果有相同的规律。

但是有限元中模型不收敛的原因很多，不同的计算软件对不收敛的

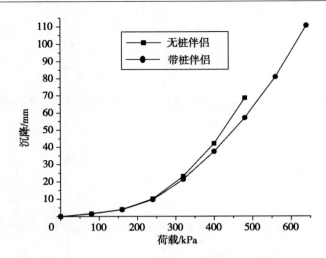

图 4 - 1[304]　　Geofem 数值模拟的桩伴侣荷载 - 沉降图

定义也各不相同，软件中计算不收敛并不一定是地基达到极限承载力。特别是桩伴侣承载力的提高依赖于沉降量的增大和土塑性的充分发挥，需要打破土原有的本构关系并建立新的体系，有限元软件本质上难以模拟，最好的方法还是试验。

4.1.1　计算模型

从某种意义上说，桩伴侣就是桩顶预留净空的一种构造措施，因此，本书的计算模型充分借鉴了文献［164］、［165］、［166］的现场试验成果，并以文献［167］数值计算的模型参数进行了对比试算，结果的数值相差较大，但规律基本吻合。为方便读者阅读，现将计算规则、模型参数等简述如下。

（1）计算模型对承台、桩伴侣、桩均采用线弹性本构模型，C30 混凝土，弹性模量 $E = 30\ 000$MPa，泊松比 0.20；对地基土体采用 Drucker-Prager 模型。模型采用不相关联的流动规则，将承台 - 桩 - 桩伴侣 - 土作为一个整体的计算域，进行统一划分单元，形成总刚度矩阵，得到全计算域的有限元方程。除桩以杆单元模拟外，其余均为四分之一轴对称实体有限元模型。

（2）模型尺寸。承台宽 1414mm，桩长 4500mm，桩截面尺寸 200mm×200mm，桩伴侣高 500mm，桩伴侣外径 800mm，壁厚 100mm，桩顶设置垫块厚度 100mm。计算域为水平方向取承台两侧各 5m，竖向方向取桩顶以下 15m 的范围。

（3）土层分布情况。土层分布简化为两层：第一层，在桩端 0.5m 以上范围内，厚度 4200mm，弹性模量 E 为 13MPa，泊松比 0.35，摩擦角 26°，c = 21kPa；第二层为第一层以下全部计算域范围，弹性模量 E 为 20MPa，泊松比 0.25，摩擦角 37°，c = 14kPa。

4.1.2　计算结果和分析

有限元数值模拟得出不同状况下承台的荷载-沉降曲线见图 4 – 2。

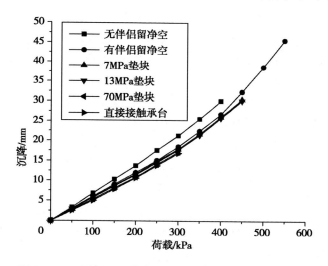

图 4 – 2　不同工况下的荷载 – 沉降曲线及其极限承载力

在不设置桩伴侣的情况下，本书计算模型的沉降值相比文献 [167] 小了很多，例如：文献 [167] 在垫块弹性模量为 7MPa 且荷载总值为 480kN（相当于 240kPa）时，承台沉降值为 55.9mm，而本书的计算模型在桩顶预留净空且荷载值为 250kPa 时，承台沉降值仅为 17.5mm。另外，参阅基于同一现场试验对比研究的文献 [305]，其数值模拟的模型参数中第一层土的弹性模量仅取为 7MPa，可能也是因为数值模拟的沉降量小于实测值。出现以上计算差异可能有计算软件、模型单元、参数选择等多种原因，本书的计算模型相对简单，未考虑桩、承台与土的摩擦接触问题，桩以杆单元进行模拟，会忽略桩端承载能力。这些因素都导致了计算结果的差异，但不影响对其规律的研究。

计算结果有如下规律。

（1）相同的荷载下，沉降量从大到小的工况分别为：无伴侣留净空，有伴侣留净空，7MPa 垫块，13MPa 垫块，70MPa 垫块，桩顶直接接触承台。这一规律可以描述为沉降量与"桩（相对于土）向上的刺入量"反向相关。

（2）上述工况中，仅桩顶单独预留净空工况的沉降量明显较大，与之相比，预留净空且配置桩伴侣后沉降量减小的幅度较为明显，其余各工况的沉降量有差异，但变化的幅度不明星，文献［7］之所以能得出"预留净空桩（或可压缩垫块）基础在路基中应用时最终沉降小"的结论应当与净空周边有刚性约束有关。

（3）在不设置伴侣的情况下，随着垫块模量的增大，以收敛准则判定的桩土复合体极限承载力逐渐降低，预留净空的极限承载力为400kPa，垫块为 7MPa 和 13MPa 时的极限承载力为 350kPa，而垫块为70MPa 或桩顶直接接触承台的极限承载力仅为 300kPa。这是由于垫块刚度提高限制了沉降量从而影响到土承载力的发挥。

（4）设置伴侣后，以有限元计算收敛准则判定桩土复合体的极限承载力比没有桩伴侣的情况均有了一定幅度的提高，且极限承载力提高的幅度随着垫块刚度的提高而大幅度降低。设置伴侣预留净空工况的极限承载力为 550kPa，提高 38%；垫块为 7MPa 和 13MPa 时，设置伴侣后极限承载力可达 450kPa，提高 28%；当垫块为 70MPa 以及桩顶直接接触承台时，设置伴侣对桩极限承载力提高的幅度低于 50kPa，提高的比率也很低。

分析：上述规律（4）中，当垫块刚度较大或桩顶直接接触承台时，设置伴侣对极限承载力的提高贡献很小，这与 Geofem 数值模拟的结果有些矛盾，主要原因是模型试验缩小了桩的尺寸，缺乏提供和促进桩承载力发挥的足够埋深或较大围压，因此，桩的承载力在整个桩土复合体中所占的比重过低，当垫块模量较大，荷载过多地由桩承担，桩破坏时沉降量还很小，而无论是桩间土的承载力，还是伴侣对极限承载力的贡献都有赖于较大沉降才能充分发挥。

无论是桩伴侣、褥垫层，还是预留净空或可压缩垫块，都有改变桩与土沉降差的作用，即褥垫层复合地基中所描述的刚性桩的"向上刺入"，实质是桩的沉降量小于土的沉降量，从这个意义上说，建议在应用桩伴侣的工程中取消模量较大的褥垫层，只要在桩伴侣与桩之间填充现场的原状土即可，由于原状土模量较低，桩顶与基础底板（承台）之间的距离可略小于褥垫层，或与褥垫厚度相当，以便更多地调动上层地基土的承载能力。本书有限元模拟的结果表明，桩顶垫块模量越低，即填充材料越少、越松散，则桩土共同体的极限承载力就越高，因此，将桩伴侣用于基础底板的变刚度调平，沉降量较小边桩、角桩可填充较为松散的材料或者预留净空而增大，不仅不会削弱边桩、角桩的极限承载能力，反而还能提高承载力，与边桩、角桩的较大的上部结构承载力相适应。

Geofem 数值模拟的成果在一定程度上验证了设置伴侣对桩极限承载力的贡献，本书有限元模拟的结果则主要体现出在桩顶预留净空状态下设置伴侣对桩极限承载力的贡献，然而，伴侣本身的尺度与高度很小，按照传统计算基桩承载力的方法得到的端阻、侧阻也很小，桩伴侣对于按照传统判定基桩或复合地基承载力的方法所能提高的承载力几乎可以忽略不计，那么，应当如何解释、评价和利用设置伴侣后对桩土复合体极限承载力提高（按照有限元计算收敛准则判定）的贡献呢？

规范对于带褥垫层的刚性桩复合地基的 s/b（沉降值/载荷板宽度或直径）进行了限制，如果限定 $s/b = 0.001$，则需要 10m 尺度的载荷板，静载荷试验才能做到沉降量达到 10cm，而通常由于经济原因，刚性桩复合地基静载荷试验的载荷板尺寸大多仅为 1～2m，判定复合地基承载力的沉降量仅为 1～2cm，当只有在 1～2cm 的沉降量时，桩间土的承载力远没有得到充分发挥。刚性桩复合地基静载荷试验与天然地基载荷板试验时，虽然载荷板的尺寸都比较小，但两者的影响深度是不同的，至少对于刚性桩来说，刚性桩复合地基静载荷试验的影响深度达到了刚性桩的长度。在刚性桩复合地基应用的早期，因为工程经验少应该限制的严格一些，但由于目前该技术已经成熟且有了大量成功的工程应用，应当适当放宽静载荷试验判定刚性桩复合地基 s/b 的标准。特别是对于桩伴侣，尽管配置桩伴侣对静载荷试验的荷载 – 沉降曲线影响甚微，但由于伴侣是刚性材料，相比褥垫层来说，沉降过程中不易发生流动性突变，使得极限承载力更加有保证。

4.1.3　数值模拟"止沉"理论的拐点

文献［8］对带伴侣的桩承载力 – 沉降量曲线进行了理论上的预

测，并提出了基于曲线出现收敛、拐点的"止沉"理论。但在各种桩顶预留净空与桩伴侣的数值模拟和试验中，基础筏板（承台）承载力－沉降量曲线的拐点从未出现。在本文的数值模拟中，将桩顶垫块厚度由文献［12］中的100mm调整为200mm，也是希望加载前期出现更大的沉降量，从而后期沉降更小，有助于承载力－沉降量曲线拐点的出现。但数值模拟的结果却是在拐点出现之前，有限元计算已经不收敛，这意味着在承台—桩—桩伴侣—土整体的计算域中，至少有一个构件发生了破坏。由于承台、桩伴侣、桩均采用线弹性本构模型，在有限元数值模拟中视同不会破坏；而地基土体采用的 Drucker－Prager 模型，土的应变包括弹性应变和塑性应变两部分，塑性应力与应变关系需服从广义的 Von Mises 屈服准则和硬化定律，表层局部土体受到桩伴侣的约束作用而不易屈服，其他部位的土体都存在发生破坏导致有限元模型计算不收敛的可能。

在该模型的基本参数中，主要有三个原因制约了承载力－沉降量曲线拐点的出现以下情况。

（1）桩顶距离承台板的距离（即垫块厚度），由于土体发生屈服时承台板总体沉降有限，故桩顶向上的刺入量也有限，在桩顶接触到承台板之前，土体已经发生了破坏。

（2）模型的桩长仅有4.5m，而持力层和下卧层土的弹性模量 E 也仅为20MPa，桩呈现典型的摩擦桩特性，而且较小的端阻也不利于侧阻的发挥，桩的荷载分担比始终较小，而且很可能是由于桩端土体的破坏导致模型有限元计算不收敛。

（3）桩伴侣的高度。模型中桩伴侣为 500mm，相当于桩长度4500mm 的 1/9，如果以实际工程中常用的 20m 左右的桩长来度量，似乎模型中 500mm 的桩伴侣相当于实际工程中的 2m 高左右，而 2m 高的桩伴侣在施工中是很难实现的。但由于桩伴侣对于极限承载力的贡献主要表现在对表层土的约束作用，提高表层土的屈服极限，进而提高复合地基的承载力，对于表层土以下的土体由于应力扩散的效果，其应力水平相应降低，而且约束状况也比表层土有所改善，进一步降低了发生屈服破坏的概率，因此，在约束表层土的问题上，模型与实际并不存在绝对的线性比例对应关系。

针对上述原因，在新的有限元模型中在原有模型的基础上对以下参数进行了如下修改。

（1）将垫块厚度由 200mm 调整为 50mm，以促进桩头尽早与承台板接触。

（2）为提高桩的承载力和荷载分担比，将第二层土的弹性模量由 20MPa 提高到 200MPa，将第一层土的弹性模量由 13MPa 调整为 7MPa，适当提高黏聚力值便于计算收敛。

（3）将桩伴侣的高度由 500mm 提高到 1000mm，进一步提高桩伴侣对表层土的约束范围，同时将桩伴侣调整为圆环形减小地基土的应力集中。

新模型的计算结果见图 4－3。

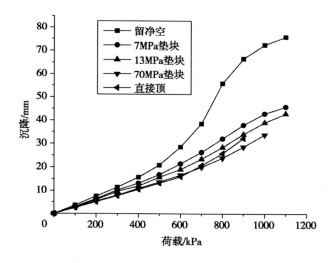

图 4－3 出现拐点的荷载－沉降曲线

由图 4－3 可以看出，当荷载小于 600kPa 时，不同模量垫块所对应的沉降差别不大；达到 600kPa 以后，桩顶预留净空的沉降大幅度增长，但当荷载达到 800kPa 后，其增长幅度开始放缓，荷载－沉降曲线的斜率出现了拐点。放置 7MPa 与 13MPa 垫块时也有类似的拐点，但由于总的沉降小，不如桩顶预留净空明显。按照传统判定桩基或复合地基承载力的方法，图 6－3 中预留净空的承载力只有 300kPa 左右，但是如果将桩与承台接触之前当做地基的预压阶段，只要桩身的强度满足，复合桩基的承载力取为 1000kPa 可能都保守。

事实上，对地基土体采用 Drucker－Prager（德鲁克－普拉格）模型，进行有限元模拟很难得到出现"拐点"的"止沉"曲线，本节的计算中，将位移和力的收敛准则放宽，已经不满足工程计算的要求。但"止沉"曲线肯定是客观存在的，梅国雄等[66]利用桩底沉渣的桩基室内模型试验研究就比较顺利地得到了出现"拐点"的"止沉"曲线，大的沉降伴随着地基土原有结构的破坏和新结构的重塑，这也为今后的研究提出了方向，那就是结合工程应用，进行现场静载荷试验，用理论指导实践，以实践检验真理。

4.2　桩伴侣竖向承载计算初探

4.2.1　刚柔桩复合地基静载荷试验时设置伴侣对桩土应力比的影响

有限数量基桩与邻近围梁的组合可视作桩伴侣的构造形式，但规范[52,161]强调的是垫层外围设置围梁，随着围梁内径与桩的外径之间的距离逐渐增大，则在密实的褥垫层中，围梁只是能起到一定的约束垫层的作用，而对分担桩头荷载的作用逐渐减小。伴侣则更倾向于设置在桩头的附近，这样才能较好地起到分担桩头荷载的作用。为研究伴侣对桩头分担荷载的效果，笔者进行了现场试验。

在 6.1 节对桩伴侣极限承载力的有限元计算中，可知对于较小的竖向荷载和较小的沉降，在褥垫层中设置伴侣对于荷载－沉降曲线没有影响。基于这一点，笔者的导师说服了一家开发单位同意在其刚性桩复合地基静载荷试验时，在褥垫层中加入放入伴侣，进行对比研究。该工程设计采用长短桩（长桩为夯扩桩，短桩为灰土桩）复合地基，天然地基地基承载力标准值 $f_{ak} = 160\text{kPa}$，要求处理后复合地基承载力特征值不小于 500kPa，长桩呈矩形布置（ $2.200\text{m} \times 1.905\text{m}$ ），桩长 19.5m，桩径 550mm；短桩呈梅花形布置，间距 1.1m，桩长 8.5m，桩径 450mm，利用静载荷试验验证复合地基承载力。伴侣外径 85cm，内径 70cm，伴侣的高度与试验铺设的砂垫层均为 100mm。

在该工程进行复合地基静载荷试验时，将一个 100mm 高、配有直径 8mm 的环筋的桩伴侣埋入检测时厚度为 100mm 的砂垫层中，与只有砂垫层的常规复合地基静载荷试验相比，未发现他们之间有规律性差异。尽管由于选取试桩的施工质量、桩头、垫层状况不同等原因导致复合地基静载荷试验数据本身就有很大的离散性，非大量统计意义上的数据事实上可信度极低，但试验至少说明对于目前的刚性桩复合地基常规设计和静载荷试验的方法，是否配置桩伴侣对荷载－沉降（$P-s$）曲线的影响是不明显或不显著的。

伴侣和土压力盒埋设的位置参见图4－4和4-5，由于刚性桩为夯扩桩，有些桩头性状很不规则，在工况1中（图4－4），恰好利用其不规则将土压力盒分别放置在伴侣的圈内和圈外；在工况2中（图4－5）将土压力盒放置在圈的正下方；工况3为不放置伴侣的情况，土压力盒的分布与放置伴侣的工况1和工况2基本相当。

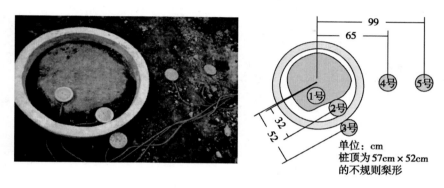

图4－4 伴侣和土压力盒分布（工况1）

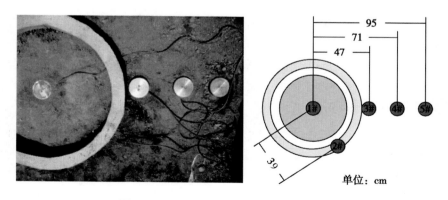

图4－5 伴侣和土压力盒分布（工况2）

图4－6左图、图4－6右图和图4－7分别为工况1－工况3承压板下的基底承载力分布。

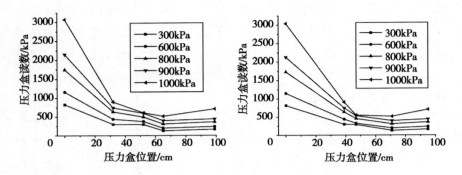

图 4-6　基底承载力分布：工况 1（左）和工况 2（右）

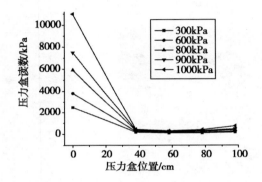

图 4-7　基底承载力分布：工况 3

压力盒位置为零处测得的接触压力为刚性桩的桩顶承载力，压力盒位置大约在 100cm 处为柔性桩的桩顶承载力，其余部位为桩间土的承载力。从工况 1-工况 3 承压板下的基底承载力分布可以看出：

（1）柔性桩的桩顶承载力基本上是增长平稳，但在加载后期特别是最后一级荷载时增长较快，说明沉降量的增大有助于柔性桩承载力的发挥。

（2）三种工况下，刚性桩的桩顶承载力随着上部荷载的增大的幅度都高于柔性桩和桩间土，但有伴侣时明显地减小了刚性桩桩顶的应力，特别是达到第十级最大加载值的 1000kPa 时，有伴侣的工况 1 和工况 2 的桩顶承载力约为 3MPa，而无伴侣的工况 3 的桩顶承载力达到了将近 11MPa，已经超出了土压力盒的核定量程，这说明伴侣较好地起到了替桩头分担荷载作用。

为便于比较桩间土，单独提取第三级（300kPa）和第六级

（600kPa）桩间土的承载力和分布。图 4 - 8 和 4 - 9 分别为三种工况的在第三级（300kPa）和第六级（600kPa）荷载时的桩间土承载力分布对比。从中可以看出以下两点。

（1）桩间土的承载力即基底下的地基土的接触压力并不均衡。

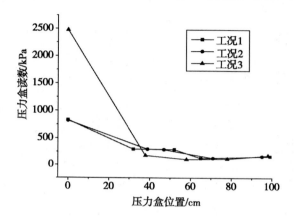

图 4 - 8　第三级（300kPa）荷载下基底承载力分布对比

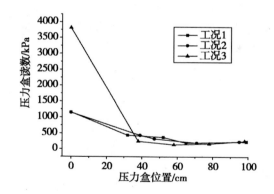

图 4 - 9　第六级（600kPa）荷载下基底承载力分布对比

对于有伴侣的工况 1 和工况 2，伴侣附近的桩间土承载力明显大于其余位置的桩间土承载力，对于没有伴侣的工况 3，靠近刚性桩或柔性桩位置的桩间土承载力略微大于中间位置的桩间土承载力。

（2）伴侣的设置，提高了伴侣附近桩间土的承载力，可以理解为促进了桩间土承载力的发挥。伴侣类似于一个可以容许桩适当向上刺入桩帽。

桩伴侣的外径是 85cm，带伴侣的桩所包围的面积是 $S_v = 0.567\text{m}^2$，而桩的桩顶面积按照直径 0.55m 约为 $S_a = 0.237\text{m}^2$，由于夯扩桩的成桩工艺是在长螺旋钻机掏出 400mm 孔洞后实施夯扩，夯扩的直径往往达不到设计的要求，有些桩顶的直径实际大约只有 0.5m，则对应的面积 $S_b = 0.196\text{m}^2$，$S_v/S_a = 0.567/0.237 = 2.39$，而 $S_v/S_b = 0.567/0.196 = 2.89$，当荷载在六级左右的时候，无伴侣和有伴侣的桩顶承载力恰好与此倍数对应，增大支撑面积可能是伴侣分担桩头荷载的原因。

需要说明的是，在静载荷试验时，每增加一级荷载土压力值和沉降都会产生一个突变，随着沉降的稳定，土压力值也趋于稳定，但笔者在测试中读取土压力的数值时，发现当桩间土压力数值较大时，其衰减的速度也比较快，由于每次增加一级荷载时的间隔时间较短，所以往往在下一级加载前上一级土压力的值还在变动，但趋于稳定。

静载荷试验完成卸掉承压板后，发现桩伴侣的横断面上出现了很多贯通的裂缝（见图 4 - 10），可能是由于大直径、薄厚度的伴侣在不均匀竖向应力下的开裂，另外，由于伴侣内侧垫层压力较大而且桩顶刺入，褥垫层被压缩发生剪胀对伴侣产生的侧压力内侧大于外侧，压力差使伴侣产生的环向应力也可能引起裂缝，但环向应力的量值还需要通过今后进一步的实验数据（例如测试环筋的钢筋应变）来验证。

4.2.2 桩伴侣的直接基础承载力公式

传统规范[287]中计算刚性桩复合地基承载力特征值有如下的通用公式，即

$$f_{spk} = mRa/A_p + \beta\,(1-m)\,f_{sk} \tag{3-5}$$

式中 β ——桩间土承载力折减系数，宜按地区经验取值，如无经验时可取 0.75 ~ 0.95，天然地基承载力较高时取大值；

f_{spk} ——复合地基承载力特征值（kPa）；

m ——面积置换率；

Ra ——单桩竖向承载力特征值（kN）；

A_p ——桩的截面积（m^2）；

f_{sk} ——桩间土承载力特征值（kPa）。

这一公式有一个悖论，那就是桩并没有与基础直接接触，为什么是全部发挥？而土（垫层）直接与基础底板接触，却又为何折减呢？另

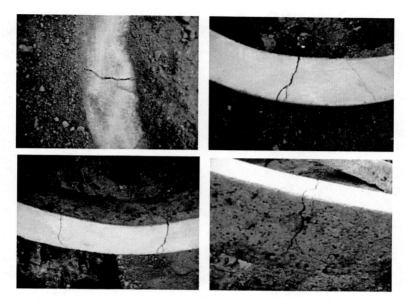

图 4 - 10　卸载后桩伴侣的裂缝

外，刚性桩复合地基静载荷试验时的垫层厚度为 100mm，而实际工程中的常用垫层厚度为 300mm 左右，这是否意味着静载荷试验时桩承载力的发挥度较高，而实际工程时桩承载力的发挥度较低呢？

一些复合地基工程试验都观察到在褥垫层桩间土承载力实际发挥可以大于 1，宋建学[288]也通过对 CFG 长桩与 PHC 短桩多桩型复合地基的研究，建议长桩、短桩的承载力发挥度可分别取 0.6 ~ 0.8、0.2 ~ 0.3，认为桩间土强度发挥度 β 可大于 1，并建议取 1.4 ~ 1.8。

传统规范[286]之所以要对刚性桩复合地基中桩间土承载力进行折减，主要原因是褥垫层的刚度过大而厚度过小，发生了承载力"被平均"，桩顶的上部支承刚度过大，致使桩间土承载力得不到充分发挥。

更深层的原因还在于传统桩土共同工作的理念。正在编制的复合地基技术规范（征求意见稿）基于复合地基设计中应根据各类复合地基的荷载传递特性，保证复合地基中桩体和桩间土在荷载作用下能够共同承担荷载的考虑，14.1.3 条规定："刚性桩复合地基中的混凝土桩应采用摩擦型桩"，试图以法定的规范将高承载力的端承桩与复合地基对立起来。张在明[289,290]院士认为：一部岩土工程规范，大体由三方面的元素构成，即基本原理、应用规则和工程数据。规范过于具体细致的规定不能反映岩土工程的客观规则。从这一方面来说，《建筑桩基技术规范[237]》（JGJ94—2008）将"复合桩基"笼统地定义为："由基桩和承台下地基土共同承担荷载的桩基础"，既真实地反映了复合桩基的实际工作状态，又不会束缚研究和实践创新的手脚，按照复合桩基的上述定义，由于伴侣采用桩基础的形式，则作为间接基础的桩伴侣也属于复合桩基。

刚性桩复合地基原本是对间接基础的革命，却将自身束缚于桩与土"直接同时"的共同工作，这一点反而不如对间接基础进行改良的复合桩基，因为复合桩基的桩土共同工作，体现的是桩与土"相继同时"的共同工作，即桩先工作土后工作，形成有一定衔接的"流水作业"。

因此，建议复合地基技术规范（征求意见稿）删除 14.1.3 条的规定，或将其限制为"仅采用褥垫层技术的刚性桩复合地基中的混凝土桩应采用摩擦型桩"，并增加一条："如果有可靠措施能够保证桩土相继同时共同工作时，桩顶与基础底板之间的土或垫层不会发生整体剪切破坏或其他滑移型的破坏，则刚性桩复合地基中的混凝土桩应采用端承效果好的桩型，桩端尽量落在好土层上"。

设计合理的桩伴侣就是这样一个"可靠措施"。通过设置伴侣并采取一定措施后，可将带褥垫层的刚性桩复合地基改造成成为类似于复合桩基的桩与土"相继同时"的共同工作，但不同于复合桩基的是，桩伴侣"相继同时"的共同工作是"土先工作，桩后工作"。

文献［7］曾提出应用桩伴侣的复合地基承载力特征值通用公式，即

$$f_{spk} = \xi m Ra/A_p + \alpha \gamma (1-m) f_{sk} \qquad (4-1)$$

式中　f_{spk}——复合地基或复合桩基承载力特征值（kPa）；

　　　m——面积置换率；

　　　Ra——单桩竖向承载力特征值（kN）；

　　　A_p——桩的截面积（m²）；

　　　ξ——桩承载力发挥系数，建议取 0.7～0.9，希望减小后期沉降则取小值；

　　　α——考虑桩伴侣约束作用的桩间土承载力提高系数，可根据桩伴侣的设置情况，结合试验适当提高；

　　　γ——桩间土承载力发挥系数，建议取 2 左右，如果预留

沉降量大或桩间土强度较高，可取大值；

f_{sk} ——桩间土承载力特征值（kPa）。

公式（4-1）仍然不尽合理，因为对于单桩承载力较大的刚性桩（例如管桩、螺杆桩，或者桩端落在好土层的 CFG 桩），复合的承载力 f_{spk} 是明显"被平均"的，其桩头部位的应力集中仍然存在，特别是在配备桩伴侣后，由于桩伴侣收集荷载的作用，不宜再使用复合地基承载力特征值这个概念，即不需要进行"复合"，桩的点荷载与土的面荷载可以各算各的，以桩伴侣的构造措施来实现地基中点荷载与面荷载的"复合"；换句话说，还可以把桩与桩伴侣视同是一个特殊的基桩，即带伴侣的桩，然后按照复合桩基的理论进行计算。带伴侣的桩复合地基或复合桩基的通用公式如下

$$F_{spk} = \xi Ra + F_{sk} \qquad (4-2)$$

式中　F_{spk}——总的承载承载力特征值（kN）；

Ra ——带伴侣的桩竖向承载力特征值（kN）；

ξ ——桩承载力增大系数（考虑附加应力增大对桩的侧限约束桩身侧摩阻力可以适当提高，但对于吹填土等欠固结土，或存在软弱下卧层，应当通过增大预留净空限制桩端阻的发挥，取该系数小于 1）；

F_{sk} ——桩间土总承载力特征值（kN）；

$F_{sk} = \gamma f_{sk} (1-m) S$；

m ——面积置换率；

S ——基础底板面积；

f_{sk} ——上层桩间土承载力特征值（kPa）；

γ ——上层桩间土承载力发挥系数，建议取 2～2.5（相当于过去的安全系数，即上层土的承载力完全发挥），如果预留沉降量大或工程经验丰富，可取大值。

公式（4-2）不仅适用于单桩承载力较高的端承摩擦桩，如能将其列入复合地基技术规范[291]（征求意见稿），更将极大地促进端承桩在桩伴侣技术中的研究和应用。根据端承桩持力层和下卧层状况，可非常方便地调整桩顶与基础底板（承台）的距离，从而得到所需要的承载和沉降特性，用于变刚度调平优化设计。

通过式（4-2），桩伴侣实现了复合地基与复合桩基的整合。在建

筑工程中，带桩伴侣的复合地基可以按照桩基础的形式在墙下或者柱下布桩，基础底板也可以只考虑天然地基的承载力相应减薄；而带桩伴侣的复合桩基（直接基础）也可以更充分、更合理地利用天然地基的承载力。

4.2.3 桩伴侣承载力公式的试验例证

郭亮、周峰、刘壮志、李菁[178]通过 2 组室内模型试验，对比分析摩擦型单、群桩在常规工况及位移调节下的工作性状证实"工作性状与预留净空桩十分相似"的桩顶位移调节器的安装能优先并充分发挥土体承载能力，试验中带承台摩擦桩极限承载力约提高 1.35 倍。由于桩伴侣可视为桩顶位移调节的一种简单的实现形式，桩顶位移调节器的试验数据同样可以验证桩伴侣，下面以文献［178］安装桩顶位移调节器的摩擦桩室内试验的数据（图 4-10）为例来验证公式（4-2）桩承载力增大系数和上层桩间土承载力发挥系数等参数的合理性。

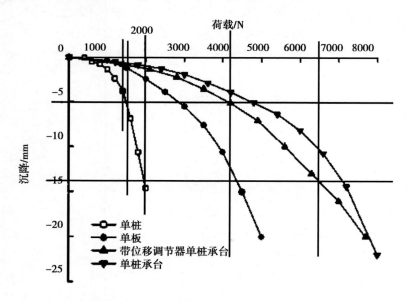

图 4-10[178] 单桩承台系列试验荷载-沉降曲线

文献［178］提出单桩、单板、单桩承台、带位移调节器单桩承台极限承载力依次增大（分别为 1200、3500、4800 和 6500N），从该文献的图示（图 4-10[178]）中可知常规单桩承台的极限承载，到达上述极限值时所对应的沉降量分别为 2.5mm、7.5mm、5.5mm 和 13.8mm。文献［178］提出随荷载增加，常规单桩承台桩荷载分担比由 80% 减小并稳定至 51%（4800N 的 51% 为 2448N）左右，承台底土体分担比由 20% 增大并稳定至 49% 左右，（4800N 的 51% 为 2352N），该分担比可能是由试验时土压力盒的读数推出的，但事实上承台下距离桩身不同位置的土压力值相差很大，所以笔者认为文献［178］提出的荷载分担比并不准确，而是可以从文献［178］图 6 单桩承台系列试验荷载 Q - 沉降 s 曲线中寻找真正的答案。

工况一：单桩承台极限状态。

单桩承台达到 4800N 的极限荷载的沉降量 5.5mm 和 5.5mm 所对应的单桩荷载为 1600N，单板（土）的荷载为 2900N，合计为 4500N，略小于单桩承台的极限承载力 4800N，这可能是由于单桩承台的试验中，随着沉降的增大，土更加密实，从而增大了桩的侧摩阻力，使桩在同等沉降量下的承载能力得以提升，又由于该贡献来自土密实度的提高，因此本质上仍属于土的承载力，所以将单桩承台达到 4800N 极限荷载时桩与土的分担分别修正为 1600N 和 3200N，相对于各自的极限荷载 1200N 和 3500N，桩与土的承载力发挥分别为 133% 和 91%。

工况二：带位移调节器单桩承台极限状态。

带位移调节器单桩达到 6500N 的极限荷载的沉降量 13.8mm，由于位移调节器本身的高度为 10mm，所以桩的实际沉降量在 3.8mm 与 13.8mm 之间。3.8mm 所对应的单桩荷载为 1200N（13.8mm 所对应的单桩荷载为 2000N），13.8mm 所对应的单板（土）的荷载为 4400N，合计为 5600N，与 6500N 相差 900N，按照各自的荷载权重分配这一差值，带位移调节器单桩达到 6500N 的极限荷载桩与土的分担分别修正为 1400N 和 5100N，相对于各自的极限荷载 1200N 和 3500N，桩与土的承载力发挥分别为 116% 和 146%。

如果取安全系数为 2，则单桩、单板（土）、单桩承台、带位移调节器单桩承台承载力特征值分别为 600N、1750N、2400N 和 3250N，特征值对应的沉降量分别为 0.5mm、2mm、1.5mm 和 4mm。下面进一步分析正常使用极限状态下桩与土的承载力发挥。

工况三：单桩承台正常使用极限状态。

单桩承台达到承载力特征值 2400N 的沉降量 2mm，2mm 所对应的单桩荷载为900N，单板（土）的荷载为1500N，相对于各自的承载力特征值600N和2400N，桩与土的承载力发挥分别为150%和86%。

工况四：带位移调节器单桩承台正常使用极限状态。

带位移调节器单桩达到承载力特征值3250N的沉降量为4mm，由于位移调节器本身的高度为10mm，所以桩的实际沉降量在0mm与4mm之间（4mm所对应的单桩荷载为1400N）。4mm所对应的单板（土）的荷载为2600N，由于在荷载较小的工况下，桩顶以下一定范围内会出现负摩阻力，对桩起到卸载的作用，所以土所分担的荷载要更大些，土所分担的荷载在2600N与3250N之间，相对于单板（土）的承载力特征值1750N，土的承载力发挥在149%与186%之间；而桩所分担的荷载在0～650N，相对于单桩的承载力特征值，桩的承载力发挥在0～108%。

按照公式（4-2）计算文献［178］带位移调节器单桩承台的承载力特征值，不考虑桩承载力增大系数ξ，上层桩间土承载力发挥系数γ取为2，忽略桩的面积置换，可得$F_{spk} = \xi Ra + F_{sk} = 600 + 3500 = 4100N$，如前文所述，依据静载荷试验曲线判定带伴侣的桩的的标准可适当放宽，假设带伴侣的桩与文献［178］带位移调节器单桩承台的$Q-S$曲线基本一致，则可得到带伴侣的桩正常使用极限状态工况五：

带伴侣的桩达到承载力特征值4100N的沉降量为5mm，所对应的土的荷载为2900N，相对于土的承载力特征值1750N，土的承载力发挥166%；桩的沉降在0～5mm，所对应的荷载分担为0～1500N，相对于桩的承载力特征值600N，承载力发挥可在0～250%调节，当桩的发挥为100%时，桩分担600N，土需要分担3500N，土的承载力发挥200%。

周峰、郭亮、刘壮志、王旭东和王继果[178]还进行了位移调节器用于端承型桩筏基础的模型试验研究，也可以用该试验的数据来验证整合复合地基和复合桩基的式（4-2），之所以能够用位移调节装置的试验数据来验证桩伴侣，是因为他们在本质上是相通的。促使地基土承载力发挥的关键是位移调节器的支承刚度，也就是桩上部的支承刚度，支承刚度越小，则土承载力发挥就越大。桩伴侣调节桩上部的支承刚度的主要方法是调整桩顶与基础底板（承台）的距离和垫层材料的模量。

4.3 桩伴侣安全度评价初探

4.3.1 桩伴侣整体承载力安全系数推导

由于作为间接基础的复合桩基是"桩先土后"的"桩土相继共同工作",而作为直接基础的桩伴侣是"土先桩后"的"桩土相继共同工作",因此,模仿宰金珉[278]等前辈按单桩极限承载力推导复合桩基的总安全度的方法,进行相似的逆变换,可以推导出桩伴侣整体承载力安全系数。推导过程如下。

记单桩承载力设计值 P 的利用系数为 ζ_v(一般取 $0.8 \leqslant \zeta_v \leqslant 1$,与式(6-2)中桩承载力增大系数统筹考虑,考虑附加应力增大对桩的侧限约束桩身侧摩阻力可以适当提高,仅对端阻进行折减)。

天然地基极限承载力 f_u 的利用系数为 ξ_v(一般取 $0.8 \leqslant \xi_v \leqslant 1$,相当于式(6-2)中上层桩间土承载力发挥系数 $2 \leqslant \gamma \leqslant 2.5$),因上部持力层的承载力已充分调动,天然地基极限承载力 f_u 约为 $2.5f$,如果考虑桩和伴侣对桩间土之间相互的加强作用,实际值大于 $2.5f$。

则桩数 n 确定如下

$$n = \frac{Q - \xi_v f_u A}{\zeta_v P} = \frac{Q - 2.5 \xi_v f A}{\zeta_v P} \qquad (4-3)$$

式中 f ——经修正后的天然地基承载力设计值;

A ——承台底总面积;

Q ——上部结构竖向力设计值 F 和基础自重设计值及基础上土重标准值 G 之和。

式(4-3)的意义在于认为天然地基的上部持力层(或经过柔性桩、短桩、化学注浆等方法处理过的加强持力层)的承载力 $Q_s = \xi_v f_u A = 2.5 \xi_v f A$ 充分发挥且为常数(而且随着地基土固结还能不断增加),经过计算承载不足部分 $Q_p = Q - Q_s$ 再由刚性桩传递到桩的底部,由下部持力层承担。

由于需要限制桩的承载力的发挥,无论距径比多少,均可忽略群桩效应增强或削弱的影响,n 根桩的承载力设计值为 nP,基桩的安全系数为 2,因此伴侣桩整体的极限承载 Q_u 可合理地估计为

$$Q_u = 2.5fA + nP_u = 2.5\psi Q + 2nP \qquad (4-4)$$

式中，$\psi = fA/Q$

另有

$$Q = Q_s + Q_p = 2.5\xi_v fA + \zeta_v nP = 2.5\xi_v \psi Q + \zeta_v nP \qquad (4-5)$$

即

$$\frac{nP}{Q} = \frac{1 - 2.5\xi_v \psi}{\zeta_v} \qquad (4-6)$$

故整体承载力安全系数 K 为

$$K = Q_u / Q = 2.5\psi + 2\frac{1 - 2.5\xi_v \psi}{\zeta_v} \qquad (4-7)$$

整理，有

$$K = \frac{2}{\zeta_v} + 2.5\left(1 - \frac{\xi_v}{\zeta_v}\right)\psi \qquad (4-8)$$

K 与常用 ζ_v、ξ_v、ψ 值的关系见表 4－1。表 4－1 中阴影部分表示按照天然地基极限承载力即可满足，但为改善上部持力层的性质，提高地基的可靠性，仍可设置适当的竖向增强体，类似于钢筋混凝土中最小配筋率的概念，结合上部的荷载和土的应力水平似乎可以有"最小配桩率"的要求，但要通过桩伴侣限定 ζ_v 在 0.8 以下，这样在后期使用中，一旦发生地下水位变化、压力差、勘探误差等意外情况，桩伴侣的安全储备就可以发挥作用，"土上不用桩基建高层[69,70]"的实证也就更加可靠，值得进一步探讨。

4.3.2 土与桩利用系数的讨论

在桩伴侣整体承载力安全系数的推导中，在确定桩数 n 时，假定天然地基的上部持力层的承载力 $Q_s = \xi_v f_u A = 2.5\xi_v fA$ 充分发挥且为常数，承载不足部分 $Q_p = Q - Q_s$ 再由刚性桩传递到桩的底部，由下部持力层承担。ξ_v 为天然地基极限承载力 f_u 的利用系数，则即使 $\xi_v = 0.8$，也相当于式（4－2）中上层桩间土承载力发挥系数 $\gamma = 2$，则意味着上部地基土已经开始进入了"塑性"状态，对于工程是否可行呢？

土本质上是散体，在较大外荷载作用下，土体固结所形成的"结构"始终处在破坏与重塑之中，宏观表现为荷载－沉降曲线的非线性与荷载不变下的蠕变。在加载过程中，只要不是瞬间的冲剪，虚构的"土骨架"总能不断组织起对竖向荷载有效的抵抗。上部结构的施工和装修不是一蹴而就，近似于呈线性增长，利用上部荷载进行"预压"，增加上层土的密实度，从而可以充分利用上层土的承载力。且随着固结的完成，上层桩间土承载力也可得到进一步提高。因此，式（4－8）得到的伴侣桩的整体承载力安全系数 K 应为下限，随着土逐渐固结形成新的"结构"，安全系数还可大幅度提高。由于将前期地基土的沉降视作是上部结构的预压，而且预压固结之后承载力还能进一步提高，因此，评价带伴侣桩的整体安全度可只考虑桩的线性阶段，之后的"强度硬化"阶段承载力作为储备。

压实黄土的次固结特性[292]表明：当处于正常固结状态时，随着固结压力的增大，压实黄土的次固结系数逐渐减小并趋于稳定；超载预压处理在一定压力范围内不但可以大大减小压实黄土的次固结速率，还使得次固结发生的时间推迟。软土[275]和结构性的土[276]都有类似的特点。这说明更大地破坏土原有的"结构"，使其"重塑"之后，还可以减小次固结，更加有助于后期的使用，即工后沉降更小。即使采用较小的 ξ_v 进行设计，也不妨按照较大的 ξ_v 的桩顶与基础底板（承台）预留沉降距离，对地基土进行更大的超载预压。

由于桩的端阻力与侧阻力的发挥所对应的沉降量不同，因此，在对单桩承载力设计值 P 的利用系数为 ζ_v 的取值上可区分端阻与侧阻。由于桩伴侣与间接基础的附加应力所处的位置不同，考虑附加应力增大对桩的侧限约束桩身侧摩阻力的发挥系数可以适当提高（极限状态时基本不存在负摩阻力），而仅对端阻进行折减，应当注意的是侧阻的充分发挥有赖于端阻的保障，桩端应当放在好土层上，增强端承效果；另外，当地基均匀、桩基施工质量好、离散性小、无软弱下卧层时，ζ_v 也可考虑取大值。

当存在上部结构刚度差、造型怪异、赶工期、地基场地不均匀等可能导致不均匀沉降的情况，天然地基极限承载力 f_u 的利用系数为 ξ_v 可取小值；当桩顶与基础底板（承台）未能留足缓冲空间，也取小值，反之则取大值。

相对于复合桩基来说，桩伴侣"止沉"的思路减小了土承载时变形大的弊端，可最大限度地利用土的承载能力，又充分发挥了桩在线性工作阶段变形小的特点，使建筑物的后期使用阶段沉降很小。带伴侣的桩对于桩的类型、桩距桩径比等没有严格的限制，适用范围更广泛，即使天然地基满足率 ψ 偏低也能适用，而且因为竖向增强体的数量和发挥度人为可控，桩伴侣的安全系数始终有保障。

4.3.3　建筑工程抗震减灾对策的思考

现行规范对于不同抗震设防等级的结构采用同一个沉降控制标准是不合理的，而应当制定所对应的"抵抗不均匀沉降的指数"，体现出基于性能的地基基础设计概念[293]。对于抗震设防烈度高的地区，采用抵抗不均匀沉降高的指数，地基处理的标准可以适当降低，使其产生较大的沉降量，以便能够得到检验结构整体质量较大的不均匀沉降值。当发生了相应指数的不均匀沉降时，如果结构在静载下的变形、裂缝都超出了容许的范围，说明存在质量隐患，可在地震等灾难发生前进行预防。

研究"抵抗不均匀沉降指数"的意义：①提供建筑实体质量缺陷检验的外部荷载；②用沉降量换承载力，降低地基处理造价；③促进施工和设计水平的提高等。

桩伴侣整体安全系数推导中的 ζ_v 和 ξ_v 可作为"抵抗不均匀沉降指数"的依据。从书文推导的评价地基基础承载力的等效偏心法，也说明所谓的"地基承载力"其实并不存在，或者说并不是一个固定值，地基承载力评价还取决于由上部结构。

结合表 4-1 的计算结果，本书对"抵抗不均匀沉降指数"提出以下建议：

（1）ζ_v 和 ξ_v 均为 0.8 时，总体安全系数 K 恒为 2.5，非抗震设防区、特别重要或体形怪异的建筑可以采用此值进行设计。

（2）ζ_v 和 ξ_v 均为 0.9 时，总体安全系数 K 恒为 2.22，6~7 度抗震设防区、常规正常的建筑可以采用此值进行设计。

（3）ζ_v 和 ξ_v 均为 1 时，总体安全系数 K 恒为 2；8~9 度抗震设防区、体形非常合理、符合概念抗震的建筑可以采用此值进行设计。

（4）不断减小 ζ_v，即确保下部持力层的稳定性，试算 ξ_v 所能达到的最大值，可促使天然地基极限承载力不断超越极限，天然地基满足率 ψ 值可以降至 0.1，而桩伴侣整体安全系数仍然能够恒定保持在 2 不变，适用于 10 度和 10 度以上的抗震设防区。

表 4 - 1　变刚度调平桩整体安全系数 K 与 ψ、ξ_v、ζ_v 的关系

ξ_v	ζ_v	ψ								
		0.1	0.2	0.3	0.4	0.5	0.6	0.7	0.8	0.9
固定 $\zeta_v = 0.8$，变化 ξ_v										
0.3	0.8	2.66	2.81	2.97	3.13	3.28	3.44	3.59	3.75	3.91
0.4	0.8	2.63	2.75	2.88	3.00	3.13	3.25	3.38	3.50	3.63
0.5	0.8	2.59	2.69	2.78	2.88	2.97	3.06	3.16	3.25	3.34
0.6	0.8	2.56	2.63	2.69	2.75	2.81	2.88	2.94	3.00	3.06
0.7	0.8	2.53	2.56	2.59	2.63	2.66	2.69	2.72	2.75	2.78
0.8	0.8	2.50	2.50	2.50	2.50	2.50	2.50	2.50	2.50	2.50
0.9	0.8	2.47	2.44	2.41	2.38	2.34	2.31	2.28	2.25	2.22
1	0.8	2.44	2.38	2.31	2.25	2.19	2.13	2.06	2.00	1.94
1.1	0.8	2.41	2.31	2.22	2.13	2.03	1.94	1.84	1.75	1.66
1.2	0.8	2.38	2.25	2.13	2.00	1.88	1.75	1.63	1.50	1.38
1.3	0.8	2.34	2.19	2.03	1.88	1.72	1.56	1.41	1.25	1.09
1.4	0.8	2.31	2.13	1.94	1.75	1.56	1.38	1.19	1.00	0.81
1.5	0.8	2.28	2.06	1.84	1.63	1.41	1.19	0.97	0.75	0.53
固定 $\zeta_v = 0.9$，变化 ξ_v										
0.3	0.9	2.39	2.56	2.72	2.89	3.06	3.22	3.39	3.56	3.72
0.4	0.9	2.36	2.50	2.64	2.78	2.92	3.06	3.19	3.33	3.47
0.5	0.9	2.33	2.44	2.56	2.67	2.78	2.89	3.00	3.11	3.22
0.6	0.9	2.31	2.39	2.47	2.56	2.64	2.72	2.81	2.89	2.97
0.7	0.9	2.28	2.33	2.39	2.44	2.50	2.56	2.61	2.67	2.72
ξ_v	ζ_v	0.1	0.2	0.3	0.4	0.5	0.6	0.7	0.8	0.9
0.8	0.9	2.25	2.28	2.31	2.33	2.36	2.39	2.42	2.44	2.47
0.9	0.9	2.22	2.22	2.22	2.22	2.22	2.22	2.22	2.22	2.22
1	0.9	2.19	2.17	2.14	2.11	2.08	2.06	2.03	2.00	1.97
1.1	0.9	2.17	2.11	2.06	2.00	1.94	1.89	1.83	1.78	1.72
固定 $\zeta_v = 1$，变化 ξ_v										
0.4	1	2.15	2.30	2.45	2.60	2.75	2.90	3.05	3.20	3.35
0.5	1	2.13	2.25	2.38	2.50	2.63	2.75	2.88	3.00	3.13
0.6	1	2.10	2.20	2.30	2.40	2.50	2.60	2.70	2.80	2.90
0.7	1	2.08	2.15	2.23	2.30	2.38	2.45	2.53	2.60	2.68

（续表）

		ψ								
0.8	1	2.05	2.10	2.15	2.20	2.25	2.30	2.35	2.40	2.45
0.9	1	2.03	2.05	2.08	2.10	2.13	2.15	2.18	2.20	2.23
1	1	2.00	2.00	2.00	2.00	2.00	2.00	2.00	2.00	2.00
不断减小 ζ_v，试算 ξ_v 所能达到的最大值										
1.5	0.7	2.57	2.29	2.00	1.71	1.43	1.14	0.86	0.57	0.29
1.9	0.7	2.43	2.00	1.57	1.14	0.71	0.29	—	—	—
3.1	0.7	2.00	1.14	0.29	—	—	—	—	—	—
3.8	0.6	2.00	0.67	—	—	—	—	—	—	—
4.5	0.5	2.00	0.00	—	—	—	—	—	—	—

4.4　桩伴侣沉降量研究初探

4.4.1　直接原位土压板试验确定平均沉降

由于压板尺寸相对较小，影响深度有限，而实际基础尺寸较大，影响深度大，所以用原位土压板试验的结果推算传统筏板的承载力与沉降量可信度比较差，缺乏科学的理论推导，但直接将原位土压板试验用于桩与基础底板距离较远的伴侣桩却可能比较适用。这是因为伴侣桩对下部持力层承载资源的利用保守，下部持力层及其下卧层的沉降量极小，基本上可以忽略，可视为桩（竖向增强体）保持不动，承载力的贡献主要来自常规原位土压板影响范围内的上部持力层，主要沉降也来自于上部持力层的压缩，达到设计荷载开始向下部持力层传递后沉降就很快停止，这样，原位土压板试验影响深度小的劣势反而成了优势（如图4–11所示）。

杨光华[294]介绍了依据原位压板试验曲线斜率计算地基沉降的方法，推导出直接计算整个基础沉降的公式

$$s = \frac{1}{(1 - P/P_u)} \frac{1}{k_0} PA \qquad (4-9)$$

按照这一公式，$P \to P_u$ 时，$s \to \infty$，该式意味着 ξ_v 较大时，沉降将出现陡降并且不可控，其实这是由于对压板试验简化假设为双曲线函数

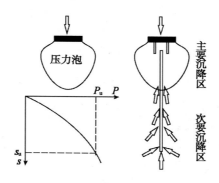

图 4 - 11　原位土压板试验

表示造成的，并不符合变刚度调平桩的实际情况，也不能用于变刚度调平桩的计算。

考虑到静载荷试验的加载时间比实际工程施工的加载时间要短很多，特别是原位土压板试验时土会发生剪切破坏，沉降值将比采用实际工程施工的加载速度时要大；另外，较大的实际基础尺寸压力影响范围也较深，但由于对桩承载力发挥的限制，下部持力层的附加应为较小，较浅的上部持力层仍是主要沉降区。综合这两方面的因素，尺寸较小的伴侣桩或原位土压板沉降与尺寸较大的整个基础的极限沉降量将很接近，本文建议可以直接以原位土压板的沉降数值来估算伴侣桩静载荷试验的沉降数值，并进一步来估算整个地基的平均沉降，用各地区的工程经验进行修正。

例如：对于常用的 $\xi_v = 0.8$ 或 $\xi_v = 0.9$，以及常用的 $\zeta_v = 0.8$ 或 $\zeta_v = 0.9$，从压板试验 $P - s$ 曲线 P_u 所对应的沉降值 S_u 可以直接得到变刚度桩（桩伴侣）的平均沉降值，即

$$s = \frac{\xi_v}{\zeta_v} s_u \qquad (4 - 10)$$

上式反映了在一定范围内，沉降 s 与单桩承载力设计值 P 的利用系数 ζ_v 成反比，而与天然地基极限承载力 f_u 的利用系数 ξ_v 成正比。用式 (4 - 10) 计算沉降尚需要实践的检验。为提高测试的准确性，原位土压板试验的载荷板尺寸应当尽量大一些，特别是对于天然地基承载力满足率 ψ 较大的情况，因为当按照下式计算总用桩量

$$n = \frac{Q - 2.5\xi_u fA}{\zeta_v P} = \frac{Q(1 - 2.5\psi\xi_v)}{\zeta_v P} \qquad (4 - 3)$$

143

ψ 越大，则用桩量越小，桩间距也越大，每根桩所负担上部持力层"止沉"的面积也越大，上部持力层的压缩深度也越大，所以，原位土压板试验的载荷板尺寸应尽量接近预估的每个伴侣桩所负担的基底面积。

4.4.2 伴侣桩静载荷试验复核承载力和平均沉降

设计伴侣桩时，可将式（6－10）得到的变刚度桩（桩伴侣）的平均沉降值 s 确定为桩（竖向增强体）与基础底板（承台）的距离，桩顶上大幅度预留沉降净空或填充松散缓冲隔震材料，进行伴侣桩静载荷试验。伴侣桩的静载荷试验方法类似于复合地基的静载荷试验，但沉降量会大很多，可得到如图 4－12 所示的 $P\text{-}s$ 曲线。

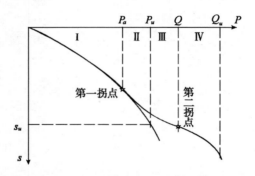

图 4－12　变刚度调平桩（伴侣桩）荷载-沉降曲线

伴侣桩的 $P-s$ 曲线的沉降特性与常规地基不同，常规地基的曲线斜率通常是不断增大，对于有负摩阻力的桩基础的曲线还可能回缩，但变刚度调平桩的 $P-s$ 曲线有两个明显的斜率拐点：第一拐点之前，与原位土基本重合，斜率逐渐增大，对应的第Ⅰ阶段为原位土的预压阶段；从第一拐点开始，曲线斜率开始逐渐减小，到达第二拐点后，曲线斜率重新开始逐渐增大，第二拐点可作为确定伴侣桩承载力设计值的依据。

原状土预压后，图 4－12 中Ⅲ、Ⅳ阶段相当于复合桩基；Ⅱ、Ⅲ、Ⅳ阶段相当于复合地基；则Ⅱ阶段可视作类似于复合地基褥垫层的作用。加载初期，主要荷载均由上部持力层来承担，上部持力层被压缩向下沉降，而竖向增强体由于得到了下部持力层的良好嵌固几乎不沉降，相对的"向上刺入"产生了"负摩擦力"；当加载至一定时期，上部持力层土的竖向应力水平大幅度提高，负摩阻力区也逐步减小；加载后期，上部持力层已被压密实，土的竖向应力水平提高趋缓，沉降速率明显趋缓。

用杨光华[294]提出的"原位土任意曲线的切线模量法"进行计算，可复核直接原位土压板试验确定的平均沉降，由于伴侣桩的静载荷试验得到的 $P-s$ 曲线中，包含了下部持力层的变形信息，所以用该曲线计算沉降有良好的精度。

"原位土任意曲线的切线模量法"假设土体的切线模量是荷载水平 $\beta = P/P_u$ 的函数，直接建立土体切线模量与荷载水平的关系，然后在分层总和法中根据各分层土的荷载水平确定其切线模量，同样可以用于分层总和法计算。现将该方法摘录如下。

假设土体在某一荷载 P 下增加某一荷载增量 ΔP 时为增量线性，其对应压板试验引起的沉降增量按 Boussinesq 解计算为

$$\Delta s = \frac{D\Delta P(1-\mu^2)}{E_t}\omega \qquad (4-11)$$

E_t 相应的荷载水平 $\beta = P/P_u$，则 E_t 为对应于 β 的等效切线模量，由式（4-16）可得

$$Et = \frac{\Delta P}{\Delta s}D(1-\mu^2)\omega \qquad (4-12)$$

对于实际压板试验曲线，可以求得不同荷载水平 β 对应的 E_t 值，建立 E_t-β 关系。对于实际基础，其在某一荷载 P_i 时增加荷载增量 ΔP_i 时，则在某深度 h_j 处分层厚度为 Δh_j 的土层产生的沉降为

$$\Delta s_{ij} = \frac{\Delta P_i \alpha \Delta h_j}{E_{ij}} \qquad (4-13)$$

设 Δh_j 处对应的荷载水平 β_i 为 $\beta_i = \alpha P_i/P_u$，式中：αP_i 为 P_i 在 Δh_j 土层处扩散后的应力分布。E_{ij} 由压板试验曲线所求得的 $E_t-\beta$ 关系，根据 β_i 值所对应的土体切线模量 E_t 得到，则 ΔP_i 荷载下的沉降可按分层总和法确定

$$\Delta s_i = \sum_{j=1}^{n} \Delta s_{ij} \qquad (4-14)$$

可将桩伴侣静载荷试验曲线的 $E_t-\beta$ 关系曲线可拟合成多项式的形式，拟合精度高则沉降计算的精度也可以达到足够的精度。

李仁平[295]提出直接利用原位测试成果，特别是载荷试验成果计算地基的变形比根据室内试验得出的压缩模量计算更接近于实际。前苏联

规定，用载荷试验确定的变形模量计算地基变形量；日本用 $p-s$ 曲线先计算出基床系数，然后计算沉降量；欧美国家有类似情况；我国也把用变形模量进行沉降计算的方法列入规范[296]。过去的静载荷试验多数是为了验证所谓的"承载力"，将沉降量限定在极小的范围内，桩伴侣的载荷试验可能改变或延伸仅针对"承载力"的检验，而是成为精确"沉降量"计算的手段。前人已开拓了很多以原位试验为基础的计算沉降量的方法，如弦线模量[297~299]、割线模量[300]、切线模量[260,294]以及考虑桩土作用[293]褥垫层[301]等，将上述方法加以拓展延伸修正，可研究出很多桩伴侣沉降计算和后期沉降预测的方法，将是今后研究的一个重要方向。

4.4.3 以"整体倾斜"极限状态计算各桩的桩顶标高

以上沉降的计算仅是基于单个伴侣桩，未考虑筏板"马鞍形承载力分布"与"碟形沉降"的特点。根据一些文献[258]，设置褥垫层，就可以减小筏板的差异沉降，可知伴侣桩基础底板的"碟形沉降"可能并不明显，但从群桩整体受力变形的角度，仍有必要进行变刚度调平优化设计，本书提出"整体倾斜"极限状态的概念，可做为桩伴侣（变刚度桩）变刚度调平优化设计的简易方法。

"整体倾斜"极限状态，是指无论地基沉降多大，只要沉降均匀，就认为仍处于正常使用状态，只有差异沉降超过一定值，特别是建筑的整体倾斜角度达到影响正常使用和结构安全的某一限定值，地基基础才进入极限状态，这对具有"止沉"特性的桩伴侣是适用的。"整体倾斜"极限状态的判定还需要专门探讨，笔者综合一些文献、规范和经验，建议将其取为千分之二，即0.2%（参看图4-13）。

如前文所述，由于下部持力层沉降所占比重很小，所以可将桩端平面视为一"等沉面"，或"不沉面"，当达到"整体倾斜"极限状态时，可计算得到距离基础底板形心 O 不同距离 X 的各点 x 与形心 O 沉降量的相对差值 Δsx，由"整体倾斜"的对称性，可知 $\Delta sx = 0.1\% X$，确定了 O 点的桩顶标高，就可以计算得到每个桩的桩顶标高。考虑基底长度 A 与宽度 B 不同，Δsx 还可进一步修正为

$$\Delta sx = 0.1\% \sqrt{a^2 + \frac{B}{A}b^2} \qquad (4-15)$$

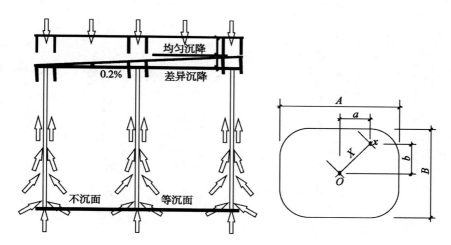

图 4 - 13　"整体倾斜"极限状态

用"整体倾斜"极限状态来确定桩顶的标高，不进行总沉降的精确计算，只是一个调平基础底板的沉降的粗略方法，同时，又是进行变刚度调平"概念设计"的实用方法，可在此方法上根据垫层材料模量、工程经验和精确计算进一步调整完善。

4.5　桩伴侣在处理基桩缺陷事故中的"应用"一例

首先郑重声明：本节的"应用"两个字打了引号，并非真正桩伴侣的应用，而是指在该案例中应用桩伴侣在原合理方案的基础上可能更加合理。

朱奎、徐日庆和沈加珍[306]介绍了一个利用桩土共同作用原理处理基桩质量事故方面应用的案例，参见图 4 - 14[306]，图 4 - 14[306] 左图为原桩基础型的条形基础方案，图 4 - 33[306] 右图为修改后的复合地基型的条形基础方案。

该工程[306]估计是由于桩拔管速度过快、贯入度失控等原因导致桩出现质量事故，静荷载试验承载力特征值仅达到设计值的 80%。根据承载力和地质情况对桩基特点进行了分析，利用桩土共同作用原理进行加固，通过土参与承载补偿桩承载力不足。在构造上将基础与桩脱开，并设置褥垫层，通过有效技术措施促使桩土变形协调，从而达到桩土共同作用的效果。工程实例表明承载力和沉降均可以满足要求。

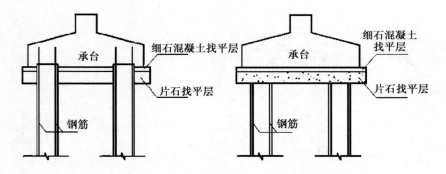

图 4 – 14[306]　原条形基础（左）和修改后条形基础（右）

桩伴侣针对该工程[306]，也提出两个处理方案，参见图 6 – 15。

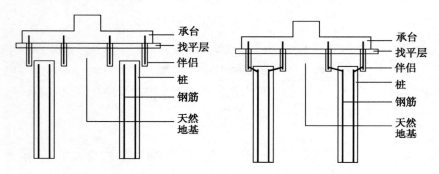

图 4 – 15　桩伴侣处理方案一（左）和桩姐妹处理方案二（右）

两个方案的共同点有以下两点。

（1）设置伴侣，相当于增大原承台高度和刚度，故减薄承台，因为桩顶与承台之间设置了一段距离，减薄承台对原设计标高的影响更小，还可减小不必要的破桩头工序。

（2）取消片石找平层，承台和找平层直接接触天然地基。

两个方案的区别仅在于桩中的钢筋是否与伴侣中的钢筋连接，方案一仅采用了桩伴侣，桩与伴侣完全分开；而方案二应用了另一项专利[142]（参见本书附录2，姑且称之为桩姐妹），将桩中的钢筋与伴侣中的钢筋简单连接，使作为直接基础的桩能够承受上拔拉力。

本章的最后，以 400mm 直径 CFG 桩（长螺旋工艺）配伴侣为例来简述一个伴侣现场浇筑施工方案（参见图 4 – 16）。

（1）基桩施工控制桩顶标高，CFG 桩停止浇灌混凝土的高度为天然地基设计标高以下500mm，不考虑截桩而增加浇筑高度。

（2）机械开挖至天然地基设计标高，此时地表土距离桩顶500mm，可以最大限度避免桩头截断。

（3）人工在桩头周围向下开挖1000mm，黄土直立好则不放坡或适当放坡，上端直径1400～1500mm，下端直径1200mm。

（4）桩头部位凿去或磨去浮浆20～200mm。

（5）桩头坑内侧壁和底部砂浆抹面2～5mm。

（6）放置伴侣钢筋笼（环筋和纵筋）。

（7）分别套内、外衬钢模，浇筑混凝土，其中：内衬钢模内径450mm，高度400mm，中桩适当增大高度，边桩角桩适当减小高度（变刚度调平），内部浇筑混凝土补桩头（可铺设聚苯板预留净空）；外衬钢模外径800mm，高度800mm，外部浇筑混凝土做伴侣。

（8）养护3天脱模。

（9）坑内进行素土回填，夯填度根据设计，中桩适当增大夯填度或者增大桩顶标高，边桩、角桩适当减小夯填度或者降低桩顶标高（变刚度调平）。

（10）铺设100mm素混凝土垫层（桩头局部100～250mm），刷冷底子油，做卷材防水，伴侣纵筋钢筋部位局部增设止水环。

以下施工顺序与常规工艺相同，例如防水层保护砂浆；绑扎基础地板钢筋、浇筑混凝土等。现浇方案对地表土无扰动，防水质量可控。

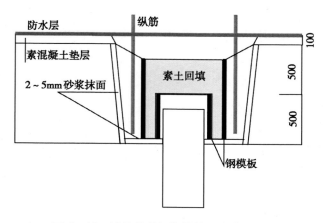

图4－16　桩伴侣现场浇筑施工方案示意图

149

第五章　水平荷载作用下桩伴侣工作性状研究

伴侣的作用之一是"主内"，即分担桩头的水平荷载，减少应力集中，需要侧重于对桩伴侣抵抗地震动荷载、协同减震的研究，本章主要通过借鉴现浇混凝土大直径管桩（PCC 桩）水平承载足尺试验和数值模拟的成果，建立水平静荷载作用下传统桩基与带伴侣的桩有限元数值模型，进行了对比计算，投石问路，抛砖引玉。

5.1　研究基桩水平承载性状和概念抗震的重要性

2001 年，武汉大学刘祖德[211]教授撰文指出：桩土复合体不存在各项同性的等代刚度，这种特性警示我们：除了桩的竖向承载力验算外，还应重视不均匀荷载下的差异沉降验算和地震、风力、临近建筑基坑或地下工程开挖、临近桩基施工等情况下的水平承载力验算。凡是在由土的剪切刚度起主要的抗变形能力的条件下，桩土复合体的整体剪切刚度总是极其有限的，对于淤泥或淤泥质土中采用桩基础时，上述矛盾就更突出。

2009 年 5 月第三届全国岩土与工程学术大会上介绍了桩伴侣的工程设想，报告中有一段近似调侃的表述："硬撑其实是没有好处的。想想看，高山下面的地基土一定是足够密实的，在高山隆起的过程中其颗粒都靠得越来越近，扛着吧，谁也别想走；因为害怕不均匀沉降，害怕上部结构施工质量差、刚度低，害怕搞上部结构设计、施工的推卸责任，规范规定了最大容许沉降，为了满足规范这一违背自然法则的错误的规定，只好靠一根根"硬梆梆"、"傻乎乎"的粗棍子（桩）在那儿撑着，导致高楼下面的地基土得不到密实、出力的机会，脱离基础底板形成负摩擦力还算好的，遇到地下柔情的水还不跟着走，"跳槽"、"私

150

奔"谁能拦得住?"

2009 年 6 月 27 日, 位于上海市闵行区梅陇镇莲花南路西侧、淀浦河南岸的"莲花河畔景苑"小区, 一栋在建的 13 层楼房突然整体倾倒[212]。根据 7 月 3 日上海市政府发布的新闻, 该工程结构设计符合规范, 管桩质量合格, 倾倒的原因是由于紧靠该建筑北侧的地面在短期内堆土过高(最高处约 10m)并吸收雨水, 紧邻它南侧的地下车库基坑正在开挖(深度约 4.6m), 于是大楼两侧的压力差使土体产生水平位移, 过大的水平力超过了桩基的抗侧能力, 导致房屋倾倒。这一事故再次引发了岩土工程界对于桩基水平抗力的启示和深思[213~216]。上海闵行区某在建 13 层楼房倒塌后, 江欢成院士在接受记者采访时说:"空心桩是很好的桩型, 节省材料, 垂直承载力很强。"又无奈地补充:"同时, 从设计角度来说, 建筑物通常不依靠桩基来抵抗水平推力。"显然, 这是在缺乏对于该工程进行大震、风荷载等不利荷载组合下桩基础的弹塑性验算严谨计算书和相关数据下对于公众质疑临时性的模糊解释, 反映出目前建筑工程领域对基桩水平承载研究的严重不足。目前对于基桩自身承担水平荷载能力即构件抗力的研究相对成熟, 而对于多遇地震、设防地震、罕遇地震等水平荷载作用下基桩会分担多大的比例、基桩的弹塑性验算尚没有明确实用的计算方法, 对基桩承受水平力以及抗震的计算研究在线弹性范围内, 基桩没有类似结构专业的抗震的"概念设计", 虽然抗震规范规定要求大多数基桩进行抗震验算(基桩可不做抗震验算的范围是 8 层以下, 但多数打桩的建筑都在 8 层以上), 但设计和图审工程师大多回避这一问题, 并不做基桩的抗震验算, 仅仅是根据地区、个人经验甚至是业主的要求对低承台桩基进行配筋。

"建筑物通常不依靠桩基来抵抗水平推力"可理解为"桩基自身并不具备抵抗水平推力的能力, 或者抵抗水平推力的能力很弱", 这是因为作为细长的杆件, 桩在垂直于竖向荷载平面外的抗弯、抗剪刚度极低, 通常基桩自身的水平承载力要比竖向承载力低一个数量级, 对于 8 度抗震设防的地区, 理论上基桩的自身抗力无法抵抗罕遇地震下上部结构超过 20% 的地震加速度, 如果按照不利的水平荷载组合作为控制指标来设计用桩量并且对基桩周围特别是桩身上部地基土的约束作用偏于安全取下限, 则基桩设计的用桩量和配筋率就需要以水平承载作为控制指标。因此, 基桩的抗震验算不仅是非常必要的, 甚至有时是基桩断面和配筋的控制因素。笔者曾拜访过一位勘察大师，大师本人验算基桩抗震的方法是"水平加速度峰值作用于桩顶"，表面上看来，似乎有些保守，但由于地震波和结构体系的复杂性，目前的研究还无法精准计算每一个桩顶对水平加速度峰值的分担比例，而是水平加速度峰值是平均分配，实际中桩、边桩、角桩的安全系数并不一样，可能因个别桩失效引起多米诺骨牌的连锁破坏。

地下空间的利用、相邻建筑的影响、基坑开挖、堆载、地下水的不均匀变化都会产生作用于地基土的水平方向的"压力差"，风荷载会对地基基础产生持续作用的水平荷载，地震加速度也是一种瞬时往复作用的水平荷载。对于抗震设计，结构专业按照"小震不坏、中震可修、大震不倒"的"三个水准"的抗震设防目标，采用两个阶段设计法：按低于本地区基本烈度 1.5 度的小震验算结构构件的承载能力和弹性变形（不坏），默认其能够满足第二水准的设防要求（可修），通过概念设计和抗震构造措施通常也默认其能够满足高于本地区基本烈度 1 度的罕遇地震下第三水准的抗震要求（不倒）；对特殊要求的建筑和地震时易倒塌的结构，除进行第一阶段设计外，还要按大震作用时进行薄弱部位的弹塑性层间变形验算和采取相应的构造措施，进行第二阶段的弹塑性变形验算，实现第三水准的设防要求。但对于岩土工程的基桩来说，通常采用的都是比较廉价的低配筋或无配筋的构件，例如相对于结构梁柱来说配筋率很低的灌注桩、PHC 管桩、素混凝土桩、CFG 桩等，在弯剪荷载作用下表现为脆性破坏，塑性变形量较小，因此，基桩抗震的概念设计就显得尤为重要。

如果在硬土地区使用基桩，由于在整个寿命周期中，遇到罕遇地震下较大水平剪力荷载的概率较低，而且地基土对基桩的约束作用相对较强，适当降低基桩的抗震标准从技术经济的角度可能是个优化的选择；但是，如果是在软土、可液化土等其他缺陷土中使用基桩，荷载的偏心、台风、常遇的压力差（例如地下车库、临近堆载或开挖、地下水位变化等）、多遇地震等引起的水平荷载不利组合可能导致延性较差的刚性基桩的破坏的概率会大幅度增大，基桩破坏所引发的后果也可能会更加严重。在技术与经济的平衡中，如果重视生命财产以及小概率事件所引发社会稳定的权重，就迫使工程技术的应用和研究必须偏于保守和谨慎。虽然上部结构抗震按照区分大震与小震的两阶段设计，但欧洲规范[313,314]并不将按照位移和延性因素的破坏准则用于基桩，而是严格要求基桩在弹性阶段进行设计，无论上部结构处于怎样的破坏程度，都要求基桩处于几乎不产生残余变形的弹性工作阶段。Luca de Sanctis[315]认为，之所以欧洲规范进行这么严格的规定，是因为除非上部结构进行重建，否则修复破坏的基桩非常困难，笔者认为高等级的设计标准是基于可持续发展理念，经历了粗放发展后的国家在全寿命总体使用成本"精算"后的科学选择，而且即使按照最低的抗震设计等级，上部结构在强烈的地震作用下处于"即将倒塌"的状况，但上部结构的荷载水平和对地基基础的承载要求并未降低，一个稳定的地基基础对于结构"大震不倒"至关重要，当采用基于性能的桩基设计，在罕遇地震下，应使大部分基桩"基本完好，承载力、变形在规定范围内，功能不受影响"，容许少数基桩"不严重破坏，承载力、变形达到承载力极限状态的限值，功能丧失，但还能支承上部结构而未倒塌。"[293]要实现上述目标，一方面应进一步加强结构产生塑性变形时以及基桩（材料和变形）在非线性条件下抗震性能的研究，另一方面应更加重视鼓励类似于桩伴侣这样的概念抗震的发明创造。

5.1.1　日本国对低承台桩基震害的认识和实例

日本是一个地震多发且经济发达的国家，主动认真地去预防灾难的意识很强，经济和技术能力也有保障，发生强烈地震的损失和伤亡相对很小。日本的文献资料中针对桩基的抗震研究所占的比重较大，其中有一些专门针对低承台桩基的震害研究。Sugimura Yoshihiro（杉村义博）[217]等以试验再现了1978年宫城县6.8级地震中PHC高强混凝土管桩的几种震害状况，与普通的受弯、剪构件类似，剪跨比较大则发生弯曲型，剪跨比小则发生剪切型破坏（图5-1[217]）。古和田明、石坂功、TANAKA Hiroaki[218]等对1995年兵库县7.2级地震中的桩基震害进行了详细调查并分析了其破坏机理（图5-2[218]）。

SEO Shirou[219]等通过对基础与上部结构相互作用的分析，结合震害调查，得出了建筑与场地的固有周期与震害状况的一些规律，只有当建筑物坐落在卓越周期是0.1~0.2s的基岩上，且其固有周期较大的情况下，震害才主要发生在上部结构，而在其他情况下，特别是卓越周期较大的松软土上，建筑物的基桩都会发生破坏，尤其是桩头部位（图

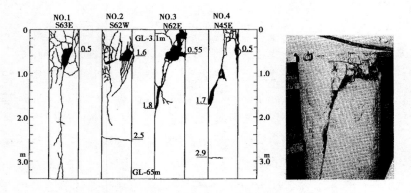

图 5 - 1[217]　1978 年宫城县地震 PHC 桩典型震害实例（600mm）

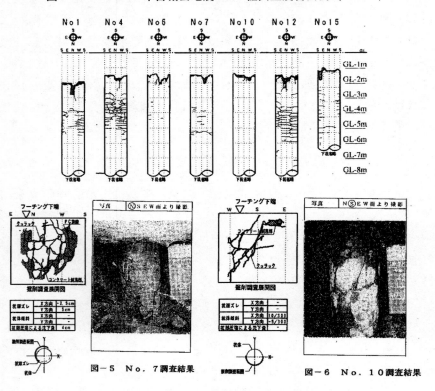

图 5 - 2[218]　桩身上部震害调查结果

5 - 3[219]）。

Sugimura Yoshihiro[220]等应用分布式荷载方法，实证研究了 1995 年兵库县地震导致液化导致的埋置较深部位预制混凝土桩的破坏情况，称为 K-型破坏模式。结果表明滑移线上的应力超过了桩的极限强度，作

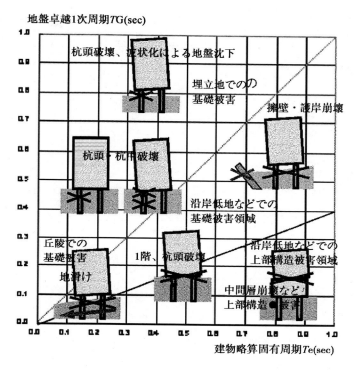

地盤卓越1次周期TG(sec)

图 5 - 3[219]　固有周期与震害状况的关系

者提出考虑相对极限荷载工况下的实际性和重要性，包括滑移线的集中荷载和主动土压力的分布荷载（图 5 - 4[220]）。

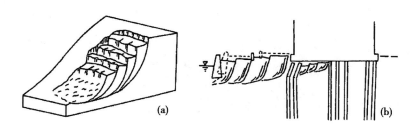

图 5 - 4[220]　K - 型破坏模式

　　场地卓越周期直接反映了场地土的密实程度。Salini U 等[221]对无黏性土的桩进行了水平承载模型试验，验证了桩的水平承载能力取决于桩长、桩径、桩土接触面的光滑程度、桩刚度和砂的密度，荷载位移曲线是非线性的，试验结果表明无论是单桩还是群桩，土的密实程度（以干

密度 γd 来表述）对桩水平承载性能的影响都是最大的（图 5 - 5[221]）。

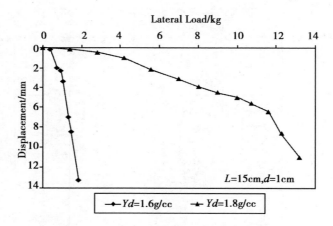

图 5 - 5[221]　群桩水平荷载位移曲线

地震液化在日本有关岩土地基处理方面的研究中占有重要地位，图 5 - 6[222] 和图 5 - 7[223]）分别是两幅因液化导致建筑物（Yoshimichi Tsukamoto、Kenji Ishihara[222] 和桥墩（L. D. Ta，J. C. Small[223]）地基的沉陷，沉降量分别达到了 20cm 和 70cm，值得深思的是巨大的沉陷并未或者说并不必然导致上部结构的破坏。本书认为，地震液化导致上部结构破坏程度的内因和主要原因仍然在于结构本身，符合概念抗震的体形、构造和良好的施工质量是减小震害的根本。

图 5 - 6[222]　沉陷导致的日本柏崎地区楼梯塌陷
（2007 新泻地震，沉降量 20cm）

图 5 – 7[223]　神户港口岛高架快速路桥墩沉陷
（**1995 兵库县地震，沉陷量 70cm**）

5.1.2　关于桩是否承担水平力的讨论

建筑物在受到地震、飓风等水平荷载作用时，常规采用低承台桩基是否会承受类似于高承台桩基的导致破坏的、较大的水平力，长期以来，在土木工程界，无论是设计规范还是设计师，对这一问题始终存在异议，并无定论。

在结构专业中，与桩基的水平受荷相关联的是建筑结构嵌固端的选取，这同样是一个经常引起争议的问题。从物理学的角度来说，桩、基础底板与上部结构是一个整体，在计算结构的固有频率或固有周期时，理论上应将基桩也考虑在内，而将桩周土与地下室侧面的填土作为阻尼。但这样将使结构的抗震计算异常复杂，于是结构专业引入了嵌固端即材料力学的固定端概念来使得计算得以简化。当下部结构（或基础）的相对位移足够小时，便可将下部结构（或基础）作为其上部结构的嵌固端，人为认定其转角、平动位移均为零，嵌固端位置的选择可以是转换层大底盘、首层地面、室外地坪、某层地下室、基础底板、基桩承台梁等。如果简化计算的误差在工程可以接受的范围内，则可以认为是合理的。

通过简化计算，结构专业上部结构抗震验算的问题基本可以解决，嵌固端与上部结构连接部位的内力也可明确。但事实上，嵌固端只是相对位移比较小，并非真的为零，嵌固端以下的下部结构（或基础）的内力和位移也并未通过上部和下部结构的整体计算得到结果。

龚晓南院士[151]指出：地基与建（构）筑物相互作用与共同分析已引起人们重视并取得一些成果，但需要解决各类工程材料以及相互作用界面的实用本构模型，特别是界面间相互作用的合理模拟，将共同作用分析普遍应用于工程设计，其差距还很大。需要进一步开展地基与上部结构共同作用分析的研究。

本书从概念上来讨论关于桩是否承担水平力的问题。比较直观的例证显然是上文引用的基桩的震害，国内也有类似的引用。

1995年日本阪神地震（$M=7.2$）后，刘惠珊[224]对震后桩基的震害类型、原因等进行了综合与归纳，认为不论液化土或非液化土中的建筑桩基，桩头部位总是出现大弯矩与剪力的危险部位，在桩头和承台连接处及承台下的桩身上部，以压、拉、压剪等因素导致破坏，从刘惠珊[224,225]所引用的文献和列举的工程事例中，均为建筑工程中通常应用的低承台桩基。刘金砺等[226]也引用了日本阪神地震桩头破坏的图片资料，同样认为建筑工程的低承台桩基桩头部位震害严重。

2006年，宋天齐等[227]提出，地震时水平地震力对桩造成破坏（例如桩头），但震害表明，按静力设计的低承台桩基，抗水平力能力足够，一般可不必进行抗震计算；龚昌基[228]也认为，水平外力要由地下室外墙（或承台、地梁）和桩共同承担，特别是在地震作用控制时，主要由前者承担，而桩主要用以承担竖向荷载，并且多方求证，汶川地震没有低桩承台的桩基出现剪切破坏的事例，至于日本阪神地震严重的桩基震害，绝大部分是因土层液化等地基变形所致，或是桩的持力层有问题，导致竖向承载力不足，建筑物先出现不均匀下沉"大倾斜"，然后出现桩头剪切破坏。

2008年汶川地震（$M=8.0$）后，工程界对房屋上部结构进行了大量的震害调查与分析；李春凤[229]对汶川地震桥梁震害的研究也提出主要是上部结构震害较多，落梁、移位、局部碰撞，其次是下部结构存在桥墩折断、钢筋混凝土剥落、系梁开裂、挡块普遍失效、桥台翼墙开裂、倾斜等震害现象；尹海军等[230]对桥梁的震害研究涉及高承台桩基，提出常用桩基础的损伤，除了地基失效这一主要原因外，还有上部结构传下来的惯性力所引起的桩基剪切、弯曲损伤，更有桩基设计不当所引起的损伤，同时指出桩基损伤具有极大的隐蔽性，很多桩基的损伤是通过上部结构的损伤体现出来的，但是有时上部结构的损伤轻微，而在开挖基础时却发现桩基已产生严重损伤，甚至发生断裂；目前能够检索到关于汶川地震建筑工程桩基震害的文献仅有王丽萍等[231]对典型山地建筑结构房屋震害调查，列举了桩基承台露出地面，架空层的梁被直接搁置于承台顶面或与承台整浇，梁的端部发生破坏或是承台拉裂的实例，提出山地建筑架空层常会为了设计和施工方便，直接把桩基础伸出地面当柱使用，由于其抗弯和抗剪都较弱，出地面的桩身容易发生破坏，建议设计时勿用桩代替柱，如代替柱，桩应按柱设计，由于桩基承台已露出地面，这时的桩尽管位于地面以下，但不属于建筑工程中典型的低承台桩。

对于基桩的震害，为什么会有上述两种截然相反的现象和认识？

黄清猷[232]认为对于脆性砖房，在小震时（约 6 度），上部砖砌体已基本开裂、分解，失去整体结构刚度，后续而来的强震能量摧毁了上部墙体和构件，上部结构倒塌，保留了下部基础的存在（参见图 5－8）。陈跃庆、吕西林[233]提出：与建筑物上部结构震害相比，关于桩基震害的报道较少。这一事实说明，桩基震害可能是少的；还可能是由于桩基埋藏于地下，震害不易被发现，在某些情况下桩基的破坏及其后果是十分严重的。

图 5－8　上部结构震害

韩小雷等[234]提出由于高层建筑地下室的施工，大多数都要做基坑支护或做外防水层，一般都有基坑回填的问题，因此很难提供较大的侧限力。而且，在反复荷载作用下，回填土的残余压缩变形会逐渐增大，实际上地下室外壁有可能会与周围土体脱开而使侧限力趋于零。

应当明确的是，结构专业假设的相对嵌固端与真正意义上的绝对固定端是两个概念，甚至当结构专业对建筑物采取隔震措施后，反而应当避免基坑侧限以免削弱隔震效果。在确定地基竖向承载力时，岩土专业也是依据基坑非嵌固的整体剪切破坏模式进行计算的；如果认同基坑嵌固，那么应当以冲剪破坏模式确定地基竖向承载力，则竖向极限承载力几乎是无穷大。显然，传统上岩土工程专业在对待地基竖向承载力与桩水平承载力的问题上存在双重标准。

总之，地下室外墙、承台侧壁等侧向构件承担水平外力具有很大的不确定性，不应当或者只能较少考虑其对水平外力的分担作用；这样，为了平衡上部结构由于风力或地震加速度产生的水平剪力，只有将荷载传递到基桩或基桩周围更深的地基土，由此应当较多考虑甚至完全由基桩和桩间土分担水平外力；按照常规的设计和基桩的构造，这一水平外力足以导致基桩的破坏，也存在"桩的某个部位首先遭到破坏进而导致竖向承载力不足"的可能性，因此，在工程设计、应用实践中，应当充分重视提高"建筑物采用的低承台桩基"承受水平荷载的能力，加强低承台桩基承担水平荷载的研究。

首先，有必要对低承台桩基进行更为科学系统的分类。

5.1.3 引入非典型高承台桩基的概念

《简明地基基础结构设计施工资料集成》[235]一书将承台定义为："连接基桩桩顶，并将上部荷载传递给基桩"这样一个"桩基的组成"部分；若桩身全部埋入土中，承台底面与土体接触，则称为低承台桩基；当桩身露出地面而承台底面位于地面以上，则称为高承台桩基。

陈孝堂[236]引用了1959年我国《铁路桥涵设计规范》（铁基总技武58字第402号）的划分法：承台底面埋入地面或局部冲刷线以下大于一定的埋置深度 h 时才按低桩承台设计，并提出这种划分法的物理意义是只有作用于桩基的水平力全部由承台侧面被动土压力平衡的条件下才按低桩承台设计，实际建筑物低桩承台定义宜理解为桩承台顶面位于地面以下且承台周围为稳定土层的桩基。这一划分不以表面上的"桩身埋入土中"为依据，而是考虑了埋置深度和受力，具有真正工程意义，然而遗憾的是自1959年提出后，没有得到进一步的发展。

上述对于低承台桩基与高承台桩基的划分均不尽完善，因为首先对于承台上传来的水平荷载，刚性桩本身具有一定抵挡弯矩、剪力的能力，在桩身埋入土中的情况下，桩身受到的弯矩、剪力会随着埋深的增加迅速减小；更重要的是，在遭遇较大地震时，根据"松土振密、密土振松"的常识，桩承台周围很难存在稳定的土层。

建筑工程的地基基础在不同程度上存在着上述两种状况之一或其组合：

（1）桩周土层产生的沉降超过基桩的沉降时，承台与土已经不在接触，或者是承台与土之间虽然未分离，但上部荷载几乎完全由刚性桩基承担，承台与土之间的接触压力很小，承台底与地基土之间的摩阻力可以忽略不计时。

（2）桩周土为淤泥、淤泥质土、饱和湿陷性黄土、流塑、软塑状黏性土、$e > 0.9$ 的粉土、松散粉细砂、松散、稍密填土时，中华人民共和国行业标准《建筑桩基技术规范》（JGJ94—2008）[237]中规定的地基土水平抗力系数的比例系数 m 值在 10 以下，或者是承台周围为可液化土尚未完全处理或无法彻底消除在遭遇较大地震时。

本书将重点研究上述低承台桩基在水平荷载作用下的工作性状，为了将其与工程实践中地基土能够提供足够约束的"典型的低承台桩基"相区别，本书建议将上述承台与土之间的接触压力小（从而摩擦力小）或地基土约束力差的低承台桩基称为"非典型高承台桩基"。在水平荷载作用下，这类"非典型高承台桩基"具有接近于高承台桩基的工作性状，将其从"典型的低承台桩基"中细分出来，使桩基的分类更科学系统，也可以引起广大设计、施工人员对这类侧限约束差的低承台桩基的重视，避免对待这类桩基在承受水平、地震荷载上时存在的侥幸心理和麻痹大意，具有更为切合实际的工程意义。

5.2　非典型高承台桩基与带伴侣的桩工作性状比较

5.2.1　计算模型

本书的计算模型参照了刘汉龙、张建伟、彭劼[238]现浇大直径薄壁筒桩（cast-in-situ concrete thick-wall pipe，简称 PCC）桩水平承载足尺试验成果和刘汉龙、陶学俊、张建伟、陈育民[239]数值计算的模型参数，经对比试算，结果基本吻合，模型参数等内容简述如下（图5－9为模型整体和单元划分）：

（1）计算模型对承台、伴侣、桩均采用线弹性本构模型，C30混凝土，弹性模量 $E = 30\ 000$MPa，泊松比0.20；对地基土体采用Drucker-Prager模型。模型采用不相关联的流动规则，将承台－桩－伴侣－土作为一个整体的计算域，进行统一划分单元，形成总刚度矩阵，得到全计算域的有限元方程。除桩以杆单元模拟外，其余均为实体有限元模型。

（2）模型尺寸。实心圆桩的直径为400mm，桩长为15m。承台厚400mm，尺寸为4m×4m。实心圆桩配合伴侣时，伴侣外径为1.0m，壁厚120mm，高度为1m。

有限元模型解域侧面边界距离承台板边2倍承台板边长，解域底部距离桩底1倍桩长。边界条件为在土体侧面和底面约束其全部自由度。

（3）土层和参数情况。本书通过有限元程序ANSYS进行计算和分析。土层分布为桩身范围内和桩端以下两层，如无特别说明，两层土的弹性模量 E 均为10MPa，泊松比0.3，摩擦角20度，$c = 20$kPa均相同且固定不变；有限元计算中在承台与地基土的交界面上设置了接触单元，如无特别说明，承台和地基土间的摩擦系数取0.2。

（4）施加荷载。水平荷载和竖向荷载分别以集中力和均布力的形式作用在承台上，如无特别说明，本书有限元分析施加的竖向荷载均为50kPa，水平荷载均为200kN。

（5）接触问题。由于本研究的主要因素是水平荷载，模型仅考虑承台与地基土之间的接触，桩以杆单元模拟，不考虑接触问题，伴侣与垫层或地基土之间也没有考虑接触。

5.2.2　计算结果和分析

5.2.2.1　模拟非典型高承台桩基状况之一：改变承台和地基土间摩擦系数

建筑工程采用桩基础时，有时基础底板仅设置很薄的防水板，防水板与基底土之间还要认为铺设松散材料将其隔开避免防水板受力；有时场地浅部填土较厚，竣工后桩周围土体相对桩身产生向下位移使桩与基

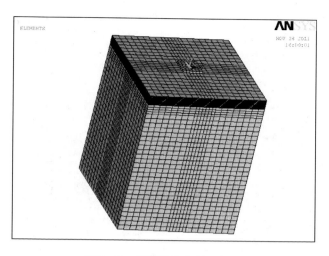

图 5 - 9 模型整体和单元划分

础底板隔开，此时，虽然桩的绝大部分仍然埋入土中，桩身上部产生少量负摩阻力对竖向承载能力影响虽然较小，却会导致桩基的水平承载性状严重恶化。由于承台与地基土不接触，承台与地基土间的摩擦力退化为 0。

表 5 - 1 为改变承台与地基土间摩擦系数的计算工况，表中编号 1A 承台与地基之间土水平摩阻力为零，模拟非典型高承台桩基情形之一，1Alv 为非典型高承台桩基情形之一配备有伴侣；1B、1C 承台与地基土间摩擦系数分别为 0.2 和 0.6，1BLv 和 1CLv 为上述考虑摩擦系数的同时设置桩伴侣。

表 5 - 1 承台与地基土间摩擦系数不同计算工况列表

编号	摩擦系数	有无伴侣	水平荷载/kN	桩顶剪力/kN	桩顶弯矩/（kN·m）
1A	0	无	150	/	/
1ALv	0	有	200	38.3	53.3
1B	0.2	无	200	138.0	140.0
1BLv	0.2	有	200	37.1	51.4
1C	0.6	无	200	102.1	100.4
1CLv	0.6	有	200	35.2	48.6

有限元计算得到的改变承台与地基土间摩擦系数水平荷载 - 位移曲

线见图 5 – 10，200kN 水平荷载对应下的桩身水平位移见图 5 – 11。

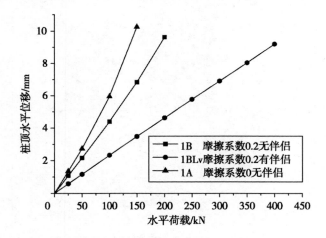

图 5 – 10　改变摩擦系数桩顶水平荷载-位移曲线对比

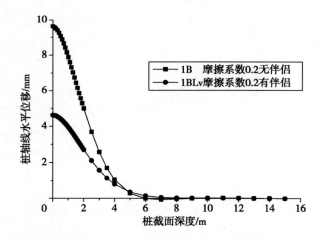

图 5 – 11　有无伴侣桩身水平位移对比

从图中可以看出，对于承台与地基之间摩擦系数为零的计算工况
1A，水平荷载为 150kN 时桩顶水平位移已达到 10.25mm，加载到
200kN 时计算不收敛；即使承台与基础土能正常接触，并且基础土能够
分担一部分竖向荷载，在承台与基础土摩擦系数为 0.2 的计算工况 1B
时，加载到 200kN 时桩顶水平位移也已达到 9.63mm；当配备桩伴侣
后，计算工况 1BLv 水平荷载 200kN 时桩顶水平位移仅为 4.63mm，继
续加载到 400kN 时为 9.2mm，水平承载力大约提高了 1 倍；对于配备

伴侣且承台与地基之间摩擦系数为零计算工况 1Alv，水平荷载 200kN 时桩顶水平位移也仅为 4.73mm，与计算工况 1BLv 仅相差 0.1mm，说明对于承台与地基土不接触的非典型高承台桩基，配备伴侣对于提高桩基的水平承载力同样明显有效，这也反映出伴侣向地基土传递水平荷载的能力。

　　图 5－12 和图 5－13 分别为改变承台与地基土摩擦系数或设置桩伴侣桩截面剪力、弯矩对比，可以明显看出与没有伴侣的计算工况 1B 和 1C 相比，配备伴侣的计算工况 1Alv、1BLv 和 1CLv 相比桩身内力都明显减小，特别是对于减小桩头剪力、弯矩的效果非常明显，未设置伴侣的非典型高承台桩基桩顶的弯矩、剪力分别增大了三到四倍。在有伴侣的情况下，改变承台与地基土的摩擦系数对桩截面的内力变化影响很小，说明伴侣在传递水平荷载上发挥了绝对的主导作用。

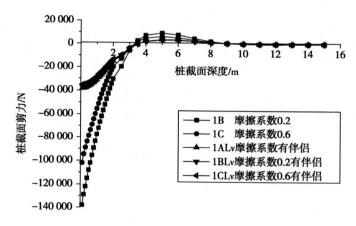

图 5－12　改变承台与土摩擦系数或设置伴侣桩剪力对比

5.2.2.2　模拟非典型高承台桩基状况之二：改变桩身范围土弹性模量的比较

　　表 5－2 为改变桩身范围地基土弹性模量的计算工况，表中编号 2B、2C 地基土弹性模量分别为 5MPa 和 1MPa，2BLv 和 2CLv 为上述改变模量的同时设置伴侣；3A 地基土弹性模量为 5MPa 且摩擦系数为 0。

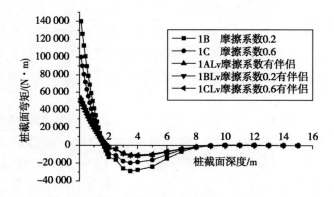

图 5－13　改变承台与土摩擦系数或设置伴侣桩弯矩对比

表 5－2　桩身范围地基土模量不同计算工况列表

编号	摩擦系数	地基土模量/MPa	有无伴侣	水平荷载/kN	桩顶剪力/kN	桩顶弯矩/(kN·m)
1B	0.2	10	无	200	138.0	140.0
1BLv	0.2	10	有	200	37.1	51.4
2B	0.2	5	无	200	125.5	145.6
2BLv	0.2	5	有	200	42.3	69.6
2C	0.2	1	无	200	120.2	208.2
2CLv	0.2	1	有	200	55.5	130.0
3A	0	5	无	150	/	/

　　有限元计算得到的改变桩身范围地基土模量有限元计算得到的桩截面剪力、弯矩结果分别见图 5－14、图 5－15，改变桩身范围地基土模量水平荷载－位移曲线见图 5－16。

　　与改变承台与地基土摩擦系数的计算结果一样，桩身截面位于伴侣底面的位置未出现应力突变，应力曲线基本连续光滑，仅在桩截面深度为 2.5m 处弯矩曲线产生了微小的跳跃。为保证计算精度，减小后期分析数据时的偏差，本模型在桩身 2m 范围内每隔 0.1m 划分一个单元，全模型的计算单元超过了 3 万个，但在桩身 2m 深度以后逐渐加大了单元网格的距离，2m 至 4m 之间桩身范围每隔 0.5m 划分一个单元，单元网格间距由 0.1m 突变到 0.5m，由此导致桩身弯矩曲线在 2.5m 处出现了一个微小的突变点，不影响整体的分析。

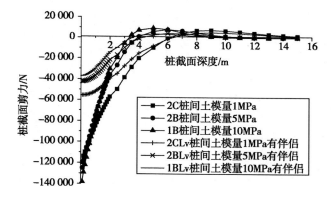

图 5-14　改变桩身范围地基土模量桩剪力对比

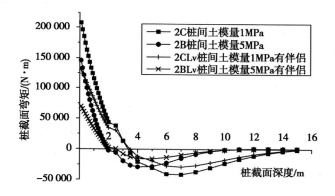

图 5-15　改变桩身范围地基土模量桩弯矩对比

　　在没有伴侣的情况下，随着桩身范围地基土模量的减小，桩顶剪力小幅度减小，桩顶的弯矩则有较大的增加，说明由于地基土模量减小、承台沉降增大，承台底地基土分担的竖向总荷载有所增大，地基土分担的水平荷载相应增大，从而减小了桩顶的剪力；但地基土模量减小后，土对桩身水平位移的约束明显减弱，承台水平位移增大，导致竖向荷载偏心导致的桩顶附加弯矩增大，特别是随着桩顶水平位移超过临界值以后，桩顶的弯矩迅速增大，桩的水平荷载-位移曲线呈现出高承台的工作性状。例如计算工况 2B，桩身范围地基土模量减小为 5MPa 后，水平荷载 150kN 时桩顶水平位移即已达到 10.2mm，由于模量低的土往往伴随着低承台桩基的"负摩阻力"，经过一段时间的蠕变，承台与地基土之间已不接触，即承台与地基土之间的摩擦力逐渐退化为 0，计算工况

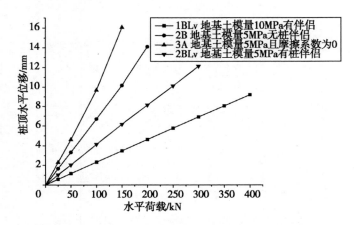

图 5 – 16　改变地基土模量桩顶水平荷载-位移曲线对比

2B 演变为计算工况 3A。工况 3A 的计算结果显示，为水平荷载 100kN 时桩顶水平位移即已达到 9.7mm，150kN 时为 16.1mm，如果再增加水平荷载桩基彻底失效。

　　配置伴侣以后，非典型高承台桩基状况之二（桩身范围地基土模量低）的水平承载性状和内力有了一定的改善，但改善的效果不如非典型高承台桩基状况之一（承台与桩间土摩擦力小），这说明桩伴侣的作用主要体现在传递水平荷载上。低承台桩基由于直接与承台连接而且刚度较大，水平荷载会首先向桩分配，然后通过桩间土的侧向约束以及土与承台的摩擦逐渐向桩间土分配，低承台桩基的水平承载性状本质上取决于桩间土抵抗水平荷载的能力，如果承台下地基土本身缺乏足够的密实度或者是缺乏向地基土传递水平荷载的可靠媒介，则地基土无法有效分担水平外力，有可能导致非典型高承台桩基的破坏。

　　关于 2009 年 6 月 27 日上海市闵行区一栋突然整体倾倒的 13 层楼房倒塌的原因，官方解释是“大楼两侧的压力差使土体产生水平位移，过大的水平力超过了桩基的抗侧能力，导致房屋倾倒”。对于置换率仅有 5% 左右的刚性桩来说，让其承担 100% 的责任显然欠妥，从模拟非典型高承台桩基状况之二的计算分析中还可将倒塌的本质原因解释为：并非桩基的抗侧能力不足，而是桩间土本身抵抗水平荷载的能力不足所导致。

　　由于在地基基础的设计中，刚性桩的置换率总是比较低的，对减小水平位移的贡献不大，简单地增大刚性桩的断面和配筋并不能实现建筑工程的本质安全，特别是简单地利用刚性桩穿越薄弱土层的做法给工程质量埋下了很大的隐患，建议建在淤泥或淤泥质土上的此类工程中综合利用柔性桩、桩伴侣（围梁）技术对地基土进行约束、加固。

5.2.3　规范对非典型高承台桩基的考虑

从图 5-12、图 5-13 直接改变承台与土摩擦系数计算工况 1B 与 1C 的对比中，可以看出随着摩擦系数的增大，桩身断面受到的内力有所减小，由此可知传递到地基土上的应力也相应增大。在没有伴侣的情况下，如果不考虑对承担水平外力具有很大不确定性地下室外墙、承台侧壁等侧向构件［例如《建筑桩基技术规范》（JGJ94—2008）[237] 规定承台侧面回填土为松散状态时取承台侧向土抗力效应系数 $\eta_1 = 0$］，受水平荷载的非典型高承台单桩承台的基桩可简化为满足下式要求

$$H_k \leqslant R_{ha} + \mu \cdot P_c \tag{5-1}$$

式中　H_k——按荷载效应标准组合计算的作用于承台底面的水平力；

　　　　R_{ha}——单桩水平承载力特征值；

　　　　μ　——承台底与基土间的摩擦系数；

　　　　P_c——承台底地基土分担的竖向总荷载标准值，$P_c = \eta_c f_{ak}(A - A_{ps})$；

　　　　f_{ak}——承台下一定范围土地基承载力特征值的平均值；

　　　　η_c——承台效应系数；

　　　　A　——承台总面积；

　　　　A_{ps}——桩身截面面积。

《建筑桩基技术规范》（JGJ94—2008）[237] 规定当承台底为可液化土、湿陷性土、高灵敏度软土、欠固结土、新填土时，沉桩引起超孔隙水压力和土体隆起时，不考虑承台效应，取 $\eta_c = 0$，则（3-1）式直接退化为

$$H_k \leqslant R_{ha} \tag{5-2}$$

（5-2）式意味着水平力完全由桩基承担，由于地基土的侧限作用已经可以完全忽略，在水平荷载作用下，此时的低承台桩基必然存在着与高承台桩基相类似的工作性状，进一步验证了本书所提出的"从低承台桩基中细分出非典型高承台桩基"的合理性，而高承台桩基在地震作

用的地震响应、自振周期、上部结构的抗倾覆能力等方面都将与低承台的假设不符[240,241]，对桩的水平承载能力与抗震性能影响不容忽视。

配备伴侣后，伴侣作为承台向地基土的延伸完全嵌入地基土中，并且在其高度范围内对地基土形成一定的约束，在提高竖向承载力的同时也提高了地基土的水平承载力，受水平荷载的带伴侣的桩承载力计算公式可更多地考虑地基土的作用，建议在建筑工程的低承台桩基特别是非典型高承台桩基中普遍应用伴侣以改善基桩的受力状态。

当然也必须指出，伴侣所起的作用，在很大程度上仅仅是传递荷载，是通过向地基土传递荷载来分担桩头的水平荷载，因此，在桩伴侣的应用中可仅仅把伴侣当作是一个构造措施来对待，除非采用现浇混凝土大直径管桩[238,239]、矩形闭合地下连续墙[242]等成熟的施工工艺，通常情况特别是采用工厂预制时，伴侣的外径和高度不必过大，如果上层地基土性质较差，应结合柔性桩技术进行地基加固。

由于桩伴侣自身的抗弯刚度可比桩大很多，分担的内力较大且较为复杂，在罕遇地震等较大荷载工况下，可将桩伴侣作为耗能构件，首先牺牲伴侣，避免或延迟桩头的破坏。如果将桩顶与基础底板脱开，水平荷载下桩身受到的内力水平会降低一个数量级，这样就彻底改变了桩基础的构造形式，本书将在下一节进行探讨。

5.2.4 结论

（1）建筑物在受到地震、飓风等水平荷载作用时，常规采用的低承台桩基会承受类似于高承台桩基的较大的、甚至导致破坏的水平力。

（2）从传统低承台桩基中细分出承台与桩间土摩擦力小或者桩身范围地基土模量低的两类状况之一或其组合的非典型高承台桩基，具有切合实际的工程意义。

（3）当存在承台与桩间土摩擦力小或者桩身范围地基土模量低的两类状况之一或其组合，在水平荷载作用下，非典型的高承台桩基存在着与高承台桩基相类似的工作性状，对桩水平承载能力与抗震性能的影响不容忽视。

（4）桩伴侣是承台向地基土传递水平荷载的可靠媒介，设置伴侣可确保承台向地基土传递水平荷载，成倍减小基桩的应力和位移，对于桩身范围地基土模量低的非典型高承台桩基的水平承载性状也有一定的改善，建议在建筑工程的低承台桩基特别是非典型高承台桩基中普遍应用桩伴侣技术。

（5）低承台桩基的水平承载性状本质上取决于桩间土抵抗水平荷载的能力，由于桩本身的置换率较低，建议建在较差土质上的建筑工程应综合利用柔性桩、桩伴侣技术对地基土进行约束、加固。

5.3　水平荷载作用下带伴侣的桩工作性状数值分析

5.3.1　计算模型

为了便于进行比较，本节的计算模型与上一节基本一致，主要的变化是改变了桩径、侣的高度、直径、侣与承台之间的距离等一些模型尺寸，增加了与复合地基褥垫层的比较，现将模型参数等内容简述如下：

（1）计算模型对承台、桩伴侣、桩均采用线弹性本构模型，C30 混凝土，弹性模量 $E = 30000\text{MPa}$，泊松比 0.20；对地基土体采用 Drucker-Prager 模型。模型采用不相关联的流动规则，将承台-桩-桩伴侣-土作为一个整体的计算域，进行统一划分单元，形成总刚度矩阵，得到全计算域的有限元方程。除桩以杆单元模拟外，其余均为实体有限元模型。

（2）模型尺寸。PCC 桩外径为 1.0m，壁厚 120mm；实心圆桩的直径为 650mm，截面面积与 PCC 桩相等；增加对比无特别说明默认的实心圆桩的直径为 400mm。PCC 桩、实心圆桩、无特别说明默认的实心圆桩的桩长均为 15m。承台厚 400mm，尺寸为 4m×4m。实心圆桩配合伴侣时，伴侣壁厚 120mm，外径分别为 1m 和 2m，高度分别为 0.5m 和 1m。带褥垫层时，褥垫层厚度为 200mm。有限元模型解域侧面边界距离承台板边 2 倍承台板边长，解域底部距离桩底 1 倍桩长。边界条件为在土体侧面和底面约束其全部自由度。为保证计算精度，减小后期分析数据时的偏差，在桩身 2m 范围内每隔 0.1m 划分一个单元，全模型的计算单元超过了 3 万个。

（3）土层、褥垫层分布和参数情况。本书通过有限元程序 ANSYS 进行计算和分析。土层分布为桩身范围内和桩端以下两层，如无特别说明，两层土的弹性模量 E 均为 10MPa，泊松比 0.3，摩擦角 20°，$c =$

20kPa 均相同且固定不变；褥垫层弹性模量 E 为 30MPa，泊松比 0.3，摩擦角 35 度，$c=5$kPa；有限元计算中在承台与地基土的交界面上设置了接触单元，承台与地基土间的摩擦系数取 0.2，承台与褥垫层之间的摩擦系数取 0.4。

（4）施加荷载。如无特别说明，本书有限元分析施加的竖向荷载均为 50kPa，水平荷载均为 200kN。

5.3.2　计算结果和分析

5.3.2.1　低承台桩基桩径变化的比较

文献［239］中 PCC 桩和实心圆桩单桩性状对比的单桩模型由桩和土两部分组成，此时没有承台参与工作，可认为承台始终略微高于桩间土（高承台）；文献［239］缺少低承台桩基受水平力的计算，低承台模型应由承台、桩和土三部分组成，此时，桩与承台连接，由于在承台上施加了竖向荷载，而土的模量又比较小，承台已压入土中（低承台），具有向桩间土传递水平荷载的条件。有限元计算得到的桩截面剪力、弯矩结果分别见图 5-17、图 5-18。

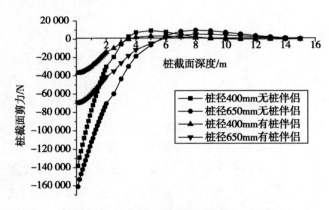

图 5-17　不同直径低承台桩基剪力对比

5.3.2.2　伴侣直径变化的比较

图 5-19、图 5-20 为伴侣的外径分别为 1m 和 2m 时（壁厚均为 120mm）低承台桩基桩身剪力、弯矩计算结果。随着伴侣直径的增大，

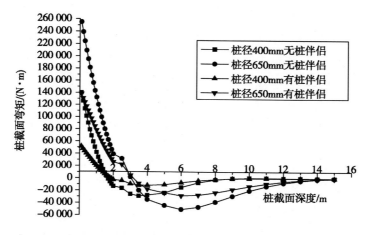

图5-18　不同直径低承台桩基弯矩对比

低承台桩基桩顶的最大剪力和弯矩值相应减小，减小的幅度可与伴侣直径的改变建立接近于线性变化的关系，进一步联想到低承台桩基桩径变化的比较和材料力学的基本知识，可知在水平荷载作用下，对于外力引起的弯矩与剪力，桩与伴侣可视为一个整体的"带伴侣的桩"，基本上是依据桩与伴侣各自的抗弯、抗剪刚度进行水平荷载的分配。

　　如果伴侣的外径在1m左右，伴侣可采取工厂预制的方式生产以提高效率；若承台下地基土密度、模量过低，需要桩伴侣将更多的水平荷载传递到地基土上，则桩伴侣可采用现场人工开槽灌筑混凝土的方法制作，并可借鉴《刚-柔性桩复合地基技术规程》（JGJ/T210—2010）[52]或浙江省工程建设标准《复合地基技术规程》（DB33/1051—2008）[161]解说中所描述的为防止褥垫层侧向挤出而在基础下四边设置的围梁的做法，即多桩共用的桩伴侣，垫层外围设置围梁能保证周边的垫层不致流失，并可保证边缘垫层在围梁约束下能很好地发挥作用；或者可能更好的办法是在地基的浅层土中设计一些柔性桩，彻底改善上层土的性质，常规的依靠细长的桩穿过软弱土层的设计方法不可取，上海某13层楼房倒塌的事故固然有各种外因，但外因也是要通过内因才能发挥作用。充分利用上层地基土土的承载力，并不仅仅是简单的降低工程造价，而是为了建筑工程百年大计的本质安全。

　　对于低承台桩来说，随着桩截面的增大，桩截面剪力和弯矩均有所增大，且剪力和弯矩最大值所对应的桩截面深度也逐步增大；计算表明，桩截面的增大，可在一定程度上控制水平位移，与文献［239］的计算结果基本吻合，并符合"表明在水平承载力以位移为控制指标情况下 PCC 桩的水平承载性能更好"的结论；但对于抗拉、抗剪强度非常低的混凝土构件，减小其弯矩、剪力要比单纯地增大其断面和配筋量所付出的代价要小得多，桩伴侣的发明构思也在于此。

在本书的有限元模型中，桩均已全部埋入土中，并非桥梁、海洋等工程中典型的高承台，在工业与民用建筑应用的桩基础中，传统上认为几乎都使用低承台桩基础，但事实上，在承台与地基土摩擦力小或地基土模量较低的情况下，水平荷载作用下低承台桩基呈现出非典型高承台的特征，非典型高承台可能对竖向承载能力影响较小，却会导致水平承载性状严重恶化，此时，单纯依靠增大桩身断面、加大混凝土桩配筋的方法不如应用伴侣改善桩的约束条件，使全部埋入土中的桩基能够真正成为低承台桩。

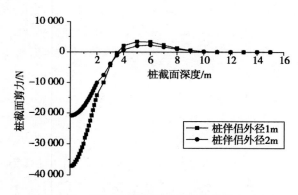

图 5 - 19　不同直径伴侣低承台桩基剪力对比

5.3.2.3　桩顶与承台构造形式变化的比较

郑刚等[162]提出了桩顶预留净空，对照桩顶设置垫块、复合地基褥垫层的构造措施，其实质均属于桩顶与承台（基础底板）不直接接触，以低于桩身模量的过渡使两者脱离一定的距离。本书首先将桩顶剪短了100mm，桩顶与承台之间填充地基土，有限元计算桩身内力极小，但水平荷载加到150kN，承台的水平位移已达到13.6mm，无法再继续加载，这说明应用桩顶预留净空技术，需要配合相应的构造措施。为此，在桩顶与承台间距离变化的计算中，全部采用配备伴侣的方式，图 5 - 21、

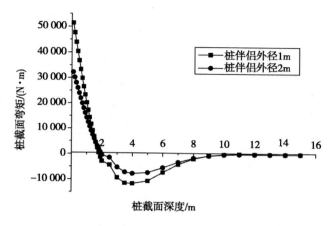

图 5 - 20　不同直径伴侣低承台桩基弯矩对比

图 5 - 22 为桩顶与承台的距离从 0 变化到 300mm 桩身剪力、弯矩计算结果。

　　图 5 - 21、图 5 - 22 明确地显示出即使是配备桩伴侣，对于桩顶与承台刚接的低承台桩基，在截面剪力、弯矩等方面比桩顶与承台保持一定距离的带伴侣的桩基都要高得多，其数值相差 1 个甚至几个数量级；另外，在配备伴侣的情况下，将桩与承台的连接方式由刚接改为铰接也能大幅度减小桩身内力；从图 5 - 21 至图 5 - 22 还可以看出，承台与桩顶的距离从 100mm 增加到 300mm，桩身内力几乎无变化。由此可知：在桩伴侣的工程应用中，桩顶与承台距离的设计可单纯考虑竖向承载力和变刚度调平基础底板（承台）沉降的需要。

5.3.2.4　褥垫层与伴侣的比较

　　带褥垫层的刚性桩复合地基巧妙地利用土的"负摩阻力"传递竖向荷载，将桩与基础底板（承台）隔离开，从而进一步较大幅度地减小了桩的水平荷载，在桩顶与承台距离 200mm 的情况下，设置伴侣与褥垫层对比有限元计算得到的桩截面剪力、弯矩结果分别见图 5 - 23、图 5 - 24。由图 5 - 23、图 5 - 24 的对比计算可以看出，由于承台与地基土间的摩擦系数取 0.2，承台与褥垫层之间的摩擦系数取 0.4，摩擦系数大则水平荷载向地基土中传递的比例多，导致带伴侣的桩基比褥垫层中的桩截面剪力和弯矩值增大了大约两至三倍，但其绝对数值仍然非

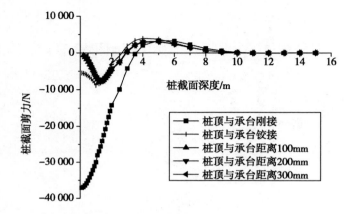

图 5 – 21　改变桩与承台不同构造形式桩剪力对比

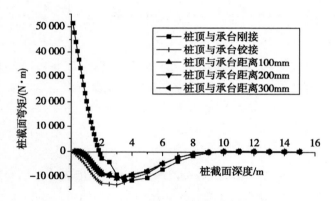

图 5 – 22　改变桩与承台不同构造形式桩弯矩对比

常小，在承台作用 200kN 水平荷载的情况下，桩顶分担的水平荷载不到 2kN，桩身截面最大剪力不到 8kN，桩身最大截面弯矩不到 11kN·m，水平荷载的绝大部分仍由桩间土分担，因此，在有伴侣的情况下，设置褥垫层与否对桩身内力影响不大，设置伴侣后可取消褥垫层；与带褥垫层复合地基的刚性桩一样，带伴侣复合地基的桩基也可不考虑水平承载的影响。

　　图 5 – 25 是一组有无桩伴侣或褥垫层复合地基桩水平位移对比，可以看出带伴侣复合地基的基桩比褥垫层中的桩轴线水平位移增大了一倍左右，但比无伴侣的低承台桩基减小了一倍以上，与带伴侣的低承台桩基基本相当，说明施加水平荷载后，伴侣内的地基土对桩顶有一定的拖

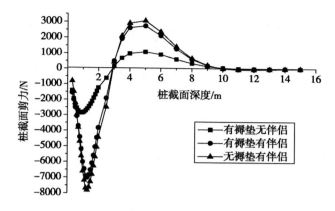

图 5 - 23　伴侣与带褥垫层复合地基桩剪力对比

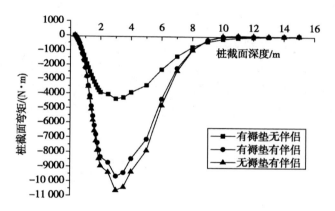

图 5 - 24　伴侣与带褥垫层复合地基桩弯矩对比

曳作用，相比褥垫层来说，伴侣使桩基的水平位移和内力均有所增大，虽然承台与地基土间的摩擦系数取 0.2 而与褥垫层之间的摩擦系数取 0.4 可能夸大了增加的幅度，但这也说明，桩伴侣减震的效果可能不如褥垫层，但伴侣可增大基础埋深或承台与土之间的水平阻力，能够约束承台下一定范围的地基土，带伴侣的桩在提高地基承载力方面以及地基由于地震液化等原因失效后减小场地震害等方面的性能可能优于褥垫层复合地基。另外，如果计算桩的水平承载不足，可以将桩头侧面一定范围的地基土替换为松散材料，类似于桩"扣眼"或桩"套袖"，可同时起到向土传递水平力、对桩阻隔水平力的双重作用。

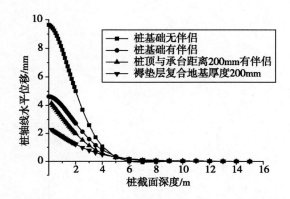

图 5 - 25　有无伴侣或褥垫层复合地基桩水平位移对比

5.3.2.5　伴侣高度变化的比较

图 5 - 26 至图 5 - 28 为桩伴侣高度分别为 1m 和 0.5m、桩顶与承台刚接的低承台桩基与桩顶与承台距离 200mm 两类情况组合有限元计算得到的一组桩截面水平位移、剪力和弯矩结果。计算结果显示：随着伴侣高度的增大，带伴侣的桩桩身截面受到的最大弯矩、桩轴线水平位移均略有减小，桩截面最大剪力减小的幅度稍微大一些，在桩截面深度超过 1.5m 后基本趋同；总体上那个来说，无论是桩顶与承台刚接的低承台桩基还是桩顶与承台离开一定距离的桩伴侣，伴侣高度的变化对于水平荷载作用下桩的内力和位移影响很小。

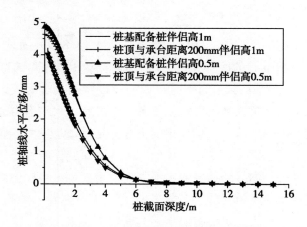

图 5 - 26　改变伴侣高度桩截面水平位移对比

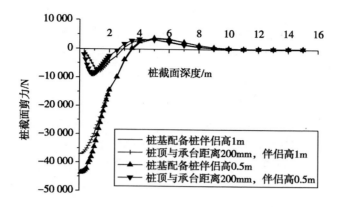

图 5 − 27　改变伴侣高度桩截面剪力对比

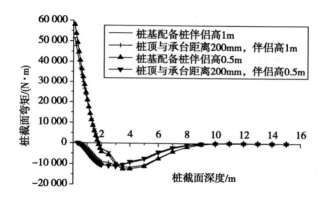

图 5 − 28　改变伴侣高度桩截面弯矩对比

通过对计算结果的分析，可以得出以下结论。

（1）对于承担水平荷载，伴侣类似与传递剪切荷载的销钉，所起的作用主要是将承台向地基土中进行了延伸，使光滑的承台底面变得粗糙，便于水平荷载向地基土中传递，带伴侣的低承台桩基与带伴侣的复合地基中的桩水平承载性状本质上取决于桩间土抵抗水平荷载的能力。

（2）伴侣高度的设计应综合考虑竖向承载力的需要以及桩顶与承台之间的构造状态。

5.3.3　结论

（1）桩全部埋入土中的非典型高承台桩基的水平承载能力极差，设置伴侣可大幅度降低桩身内力，增大桩身断面和配筋不如应用桩伴侣改善桩的约束条件。

（2）水平荷载作用下，在负担弯矩与剪力的分配上，桩与伴侣可视为一个整体的"带伴侣的桩"，依据桩与桩伴侣各自的抗弯、抗剪刚度进行水平荷载的分配；带桩伴侣的刚性桩可与柔性桩配合使用，改善上层地基土的性质，实现建筑工程本质安全。

（3）设置伴侣后可取消褥垫层，伴侣内的地基土对桩顶有一定的拖曳作用，相比褥垫层来说，桩伴侣使桩基的水平位移和内力均有所增大；在配备伴侣的情况下，将桩与承台的连接方式由刚接改为铰接也能大幅度减小桩身内力，桩顶与承台距离的设计可单纯考虑竖向承载力和变刚度调平基础底板沉降的需要。

（4）伴侣高度的变化对于水平荷载作用下桩的内力和位移影响很小，带伴侣的低承台桩基与带伴侣的复合地基中的桩水平承载性状本质上取决于桩间土抵抗水平荷载的能力，伴侣高度的设计应综合考虑竖向承载力的需要以及桩顶与承台之间的构造状态。

（5）桩身截面位于桩伴侣底面的位置未出现应力突变，应力曲线连续；伴侣自身受到的内力较大，且较为复杂，在罕遇地震等荷载工况下，伴侣可作为耗能构件，首先牺牲伴侣，避免桩头剪切破坏，保持桩处于良好的工作状态。

5.4 伴侣与承台工作性状的初步分析

本节基于 5.2 和 5.3 有限元计算的结果，提取了有代表性的四个有限元模型的数据，对伴侣与承台的内力进行初步比较与分析。四个模型均为：实心圆桩直径 400mm；有褥垫层时，褥垫层厚度 200mm；实心圆桩配合伴侣时，伴侣外径为 1.0m，壁厚 120mm，高度为 1m；桩顶与承台构造形式变化时，桩顶与承台距离 200mm。施加的竖向荷载均为 50kPa，水平荷载均为 200kN。其余参数均为默认值。

5.4.1 承台工作性状的比较与分析

提取四种典型的工况，承台的最大应力和最大位移列于表 5-3。

表 5 - 3　承台应力位移比较表（单位：MPa，mm）

项目	Ⅰ桩基础		Ⅱ褥垫层		Ⅲ伴侣桩基础		Ⅳ伴侣垫层 0.2m	
	压应力	拉应力	压应力	拉应力	压应力	拉应力	压应力	拉应力
S_x	-2.91	1.75	-2.93	1.11	-3.18	2.26	-2.9	1.05
S_y	-2.65	2.2	-0.94	0.65	-3.15	2.7	-0.53	0.42
S_z	-3.61	0.92	-0.23	0.01	-3.93	1.01	-0.31	0.13
S_{xy}	-0.64	0.64	-0.52	0.52	-0.7	0.7	-0.49	0.49
S_{yz}	-0.63	0.63	-0.8	0.8	-0.7	0.7	-0.1	0.1
S_{xz}	-0.55	0.84	0.33	0.56	-0.7	0.7	-0.32	0.59
S_1	-2.49	2.2	-0.23	1.36	-3.15	2.7	-0.17	1.33
S_2	-2.65	1.58	-0.94	0.65	-3.17	2.02	-0.53	0.38
S_3	-3.79	0.75	-3.03	0.04	-3.94	0.91	-3.01	0.05
S_{int}	Max	Min	Max	Min	Max	Min	Max	Min
	4.85	0.13	2.95	0.11	5.49	0.07	2.95	0.7
D_{max}	13.7mm		19.1mm		13.1mm		15mm	

工况Ⅰ为普通桩基础的形式，对应 5.2.2.1 小节的工况 1B。

工况Ⅱ为常规复合地基褥垫层的形式，对应 5.3.2.4 小节的有褥垫无伴侣。

工况Ⅲ为在普通桩基础上增加伴侣，对应 5.2.2.1 小节的工况 1BLv。

工况Ⅳ为配置伴侣，桩顶与基础底板低 0.2m，对应 5.3.2.3 小节的桩顶与承台距离 200mm。

5.4.1.1　水平荷载方向的应力和位移比较

图 5 - 29 至图 5 - 32 分别为四种工况 X（即水平荷载作用）方向的 S_x（σ_x）云图。

从四种工况 X（即水平荷载作用）方向的 S_x（σ_x）云图可以看出：

（1）水平力作用点为 S_x（σ_x）压力最大处，工况Ⅲ（伴侣桩基础）的压应力最大，达到了 3.18MPa，而其他三种工况在 2.91MPa 左右，说明在桩与伴侣的联合作用抵抗水平荷载的刚度最大，其最大位移为 13.1mm，在四种工况中最小。

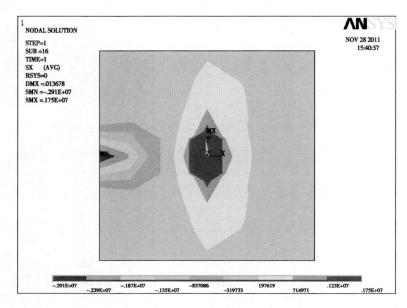

图 5 – 29　工况 I （桩基础）承台 S_x

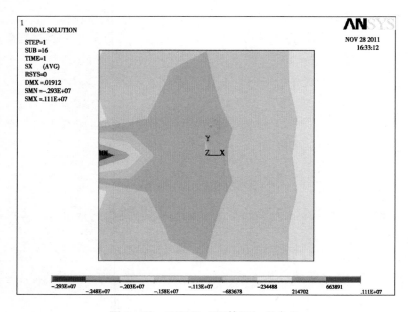

图 5 – 30　工况 II （褥垫层）承台 S_x

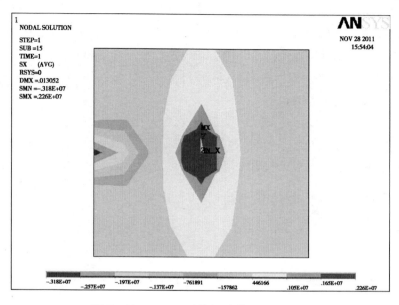

图5-31　工况Ⅲ（伴侣桩基础）承台 S_x

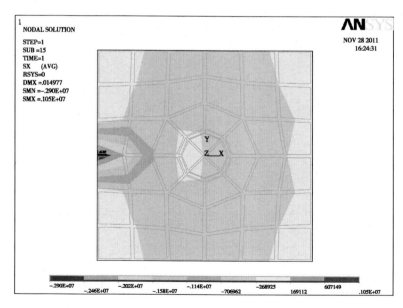

图5-32　工况Ⅳ（伴侣垫层0.2m）承台 S_x

（2）工况Ⅲ（伴侣桩基础）的最大拉应力在四种工况中也最大，为 2.26MPa，位于承台中心，而工况Ⅰ（桩基础）为 1.75MPa，说明伴侣发挥了阻止承台水平位移的作用；而工况Ⅳ（伴侣垫层 0.2m）的最大拉应力在四种工况中最小，为 1.05MPa，工况Ⅱ（褥垫层）略大，为 1.1MPa；说明桩伴侣（桩脱离基础底板时）即水平力作用的 X 方向对承台不会造成过大的拉应力。

（3）四种工况中的最大位移（不完全是水平位移）分别为 13.7mm、19.1mm、13.1mm 和 15mm，工况Ⅱ（褥垫层）位移最大，隔震效果好，伴侣对位移有一定的阻碍。

5.4.1.2 竖向荷载方向的应力比较

图 5-33 至图 5-36 分别为四种工况 Z（即竖向荷载）方向的 S_z（σ_z）云图。

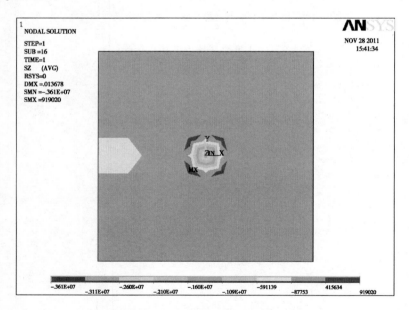

图 5-33 工况Ⅰ（桩基础）承台 S_z

从四种工况 Z（即竖向荷载作用）方向的 S_z（σ_z）云图可以看出以下几点。

（1）由于施加的竖向荷载仅为 50kPa，工况Ⅱ（褥垫层）与工况Ⅳ（桩伴侣 0.2m）的竖向应力水平都比较小，工况Ⅱ（褥垫层）最大压

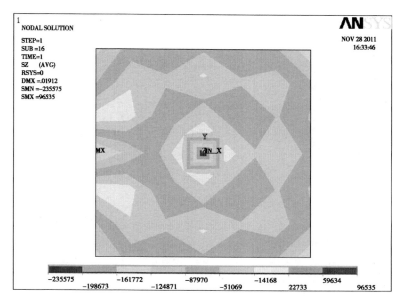

图 5 - 34   工况 II （褥垫层）承台 S_z

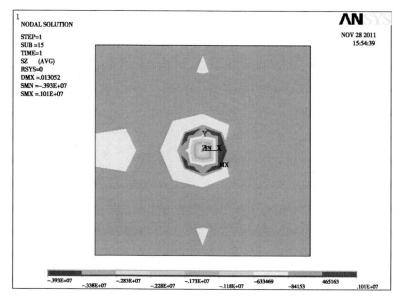

图 5 - 35   工况 III （伴侣桩基础）承台 S_z

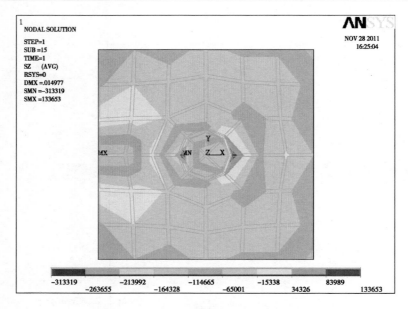

图 5-36　工况 Ⅳ（伴侣垫层 0.2m）承台 S_z

应力为 0.23MPa（230kPa），位于承台中心，从一个侧面"被平均"的反映了桩顶承载力，拉应力几乎没有；工况 Ⅳ（伴侣垫层 0.2m）最大压应力为 0.31MPa（310kPa），最大拉应力为 0.13MPa，大致处于桩身外侧对应的位置和伴侣之间，桩虽然离开了承台 200mm，但由于伴侣的存在，限制了承台的自由水平运动，水平荷载作用于承台的表面，而承台有一定的厚度，从而使承台发生了偏心扭转，这是扭转的弯矩与竖向应力形成的合力。

（2）工况 Ⅲ（伴侣桩基础）的最大压应力和最大拉应力都略大于工况 Ⅰ（桩基础），说明对于桩基础，设置伴侣也能起到一定的收集竖向荷载作用，还有可能是因为伴侣阻止承台水平位移、收集水平荷载的结果。

5.4.1.3　总体应力强度比较

图 5-37 至图 5-40 分别为四种工况的总体应力强度 S_{int}（σ）云图。

从四种工况总体应力强度 S_{int}（σ）云图可以看出以下几点。

（1）工况 Ⅰ（桩基础）与工况 Ⅱ（褥垫层）相比，在桩头部位承

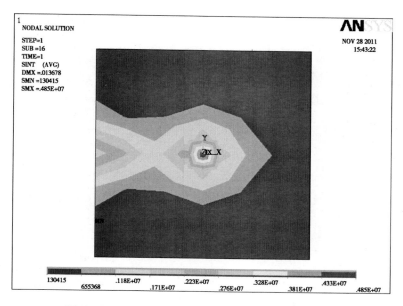

图 5 – 37 工况 I (桩基础) 承台总体应力强度 S_{int}

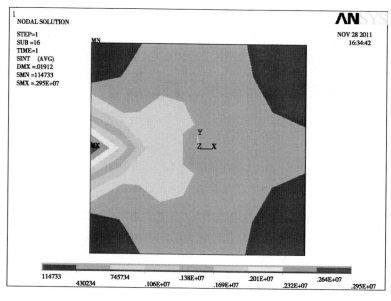

图 5 – 38 工况 II (褥垫层) 承台总体应力强度 S_{int}

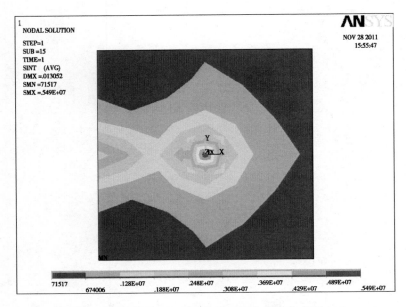

图 5 – 39　工况Ⅲ（伴侣桩基础）承台总体应力强度 S_{int}

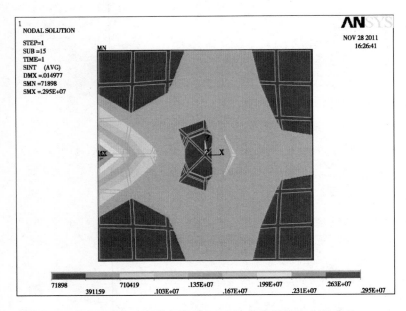

图 5 – 40　工况Ⅳ（伴侣垫层 0.2m）承台总体应力强度 S_{int}

台的应力水平差距较大，工况Ⅰ（桩基础）的最大应力强度位于承台中心，为4.85MPa，而工况Ⅱ（褥垫层）的在桩头对应位置的应力强度仅为0.43MPa，相差十倍，这一方面是因为竖向荷载的集中程度不同，更重要的是对于独立承台，水平荷载并不一定作用于承台的中心，而是如本例作用于承台的表面，而承台有一定的厚度，从而使承台以中心为圆心发生上下扭转，产生附加的扭转弯矩，从而进一步增大了应力水平。

在常规的设计中，采用褥垫层的刚性桩复合地基由于承载力"被平均"，并且刚性桩按照形成"复合"的要求均匀布置，与上部结构难以对应，潜在的冲切要求和弹性地基梁支座的计算弯矩都使得复合地基基础底板的厚度和刚度，从而使复合地基的基础造价提高；而对于桩基础的情况，当桩在柱下或墙下布置时，由于竖向荷载相互平衡，承台的冲切内力比较小，承台仅按照构造设置，从而桩基础的基础造价很低，但如果要考虑水平荷载偏心引起承台上下扭转的不利因素，需要保证承台之间联系梁的刚度。

（2）工况Ⅰ（桩基础）与工况Ⅲ（伴侣桩基础）相比，设置伴侣增大了荷载向桩头位置的集中程度，同时增大了承台的刚度，进而提高了承台的总体应力强度，工况Ⅲ（伴侣桩基础）的最大应力强度也位于承台中心，为5.49MPa，同时也可以看出工况Ⅲ（伴侣桩基础）在承台中心应力扩散的范围较大，说明伴侣对应力强度起到了一定的扩散作用，有助于减小承台的应力集中。

同时可以合理猜测，如果伴侣与桩头侧面之间留有一定的空隙，或替换为松散材料，则类似于桩"扣眼"或桩"套袖"，同时发挥向土传递水平力、对桩阻隔水平力的双重作用时，当减小了桩分担水平荷载的比例，工况Ⅲ（伴侣桩基础）的总体应力水平应该会降低。

（3）工况Ⅲ（伴侣桩基础）与工况Ⅳ（伴侣垫层0.2m）相比较，非常类似于工况Ⅰ（桩基础）与工况Ⅱ（褥垫层）的对比情况，由于工况Ⅳ（伴侣垫层0.2m）桩与承台脱离，减小了分担到桩的水平荷载，承台在桩的对应位置处没有出现应力集中的情况，但承台与伴侣的连接位置，由于水平荷载与竖向荷载的联合作用，在其中的一侧应力水平由周围的0.39MPa提高到了0.71MPa，说明伴侣对于承台的上下扭转起到了一定的抵抗作用。

（4）工况Ⅱ（褥垫层）与工况Ⅲ（伴侣桩基础）的应力分布与数值都很接近。

5.4.2　伴侣工作性状的比较与分析

提取工况Ⅲ（伴侣桩基础）和工况Ⅳ（伴侣垫层0.2m）中伴侣的最大应力和最大位移列于表5-4。

表5-4　伴侣应力位移比较（单位：MPa，mm）

项目	伴侣桩基础		伴侣垫层0.2m	
	压应力	拉应力	压应力	拉应力
S_x	-2.12	0.45	-0.76	1.2
S_y	-2.36	0.46	-0.74	1.44
S_z	-3.78	1.63	-3.72	2.01
S_{xy}	-0.66	0.66	-0.65	0.65
S_{yz}	-0.81	0.81	-0.87	0.87
S_{xz}	-0.22	1.03	-0.02	1.21
S_1	-1.62	1.74	-0.68	2.19
S_2	-2.47	0.26	-0.78	0.56
S_3	-4.12	0.07	-3.82	0.46
S_{int}	Max	Min	Max	Min
	3.77	0.11	3.2	0.33
$D_{\max}$	11.1mm		13.8mm	

5.4.2.1　水平荷载方向的应力和位移比较

图5-41和图5-42分别为工况Ⅲ（伴侣桩基础）和工况Ⅳ（伴侣垫层0.2m）中 X（即水平荷载作用）方向伴侣的 S_x（σ_x）云图。从图中可以看出，工况Ⅲ（伴侣桩基础）的最大压应力（2.12MPa）大于工况Ⅳ（伴侣垫层0.2m）的最大压应力（0.76MPa），均位于伴侣上部；而工况Ⅲ（伴侣桩基础）的最大拉应力（0.45MPa）小于工况Ⅳ（桩伴侣0.2m）的最大拉应力（1.2MPa），主要位于伴侣下部，均反映了伴侣的受弯剪状况。

5.4.2.2　第一主应力 S_1 比较

图5-43和图5-44分别为工况Ⅲ（伴侣桩基础）和工况Ⅳ（伴

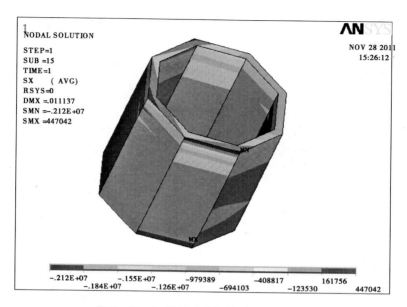

图 5 - 41　工况Ⅲ（伴侣桩基础）伴侣 S_x

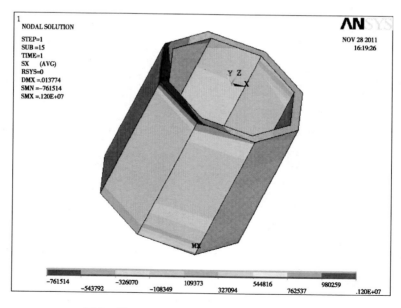

图 5 - 42　工况Ⅳ（伴侣垫层 0.2m）伴侣 S_x

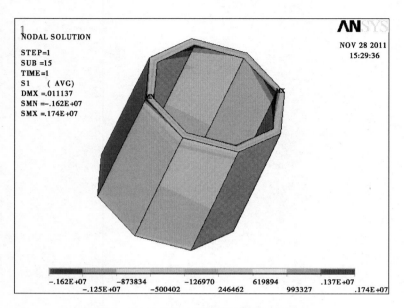

图 5-43　工况Ⅲ（伴侣桩基础）伴侣 S_1

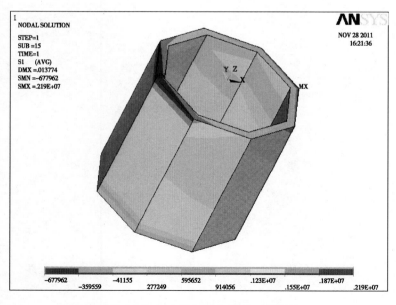

图 5-44　工况Ⅳ（伴侣垫层 0.2m）伴侣 S_1

侣垫层0.2m）中第一主应力伴侣的 S_1（σ_1）云图。从图中可以看出，工况Ⅲ（伴侣桩基础）的最大拉应力（1.74MPa）小于工况Ⅳ（伴侣垫层0.2m）的最大拉应力（2.19MPa），均主要位于伴侣上部，但两者的分布不同。工况Ⅲ（伴侣桩基础）位于伴侣与承台交界处的内侧，而工况Ⅳ（伴侣垫层0.2m）位于与承台交界处的外侧，说明两种工况的变形状况不同。

5.4.2.3　总体应力强度比较

图5-45和图5-46分别为工况Ⅲ（伴侣桩基础）和工况Ⅳ（伴侣垫层0.2m）中总体应力强度 S_{int}（σ）云图。从图中可以看出，工况Ⅲ（伴侣桩基础）的最大应力强度（3.77MPa）大于工况Ⅳ（伴侣垫层0.2m）的最大应力强度（3.2MPa）；两种工况应力的分布明显不同。工况Ⅲ（伴侣桩基础）从上往下逐渐递减，而工况Ⅳ（伴侣垫层0.2m）应力最大的部位位于伴侣的上部和下部。

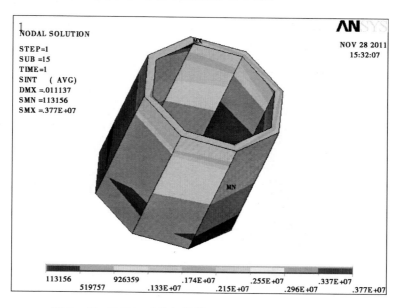

图5-45　工况Ⅲ（伴侣桩基础）伴侣总体应力强度 S_{int}

5.4.2.4　剪应力比较

图5-47和图5-48分别为工况Ⅲ（伴侣桩基础）和工况Ⅳ（伴

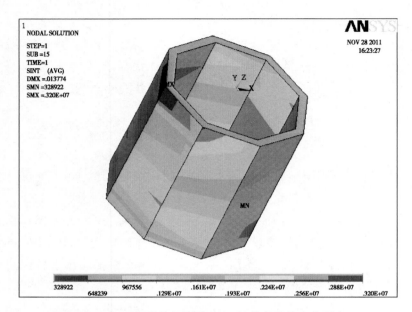

图 5 – 46　工况 Ⅳ（伴侣垫层 0.2m）伴侣总体应力强度 S_{int}

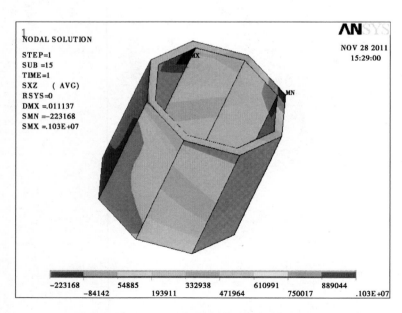

图 5 – 47　工况 Ⅲ（伴侣桩基础）伴侣剪应力 S_{xz}

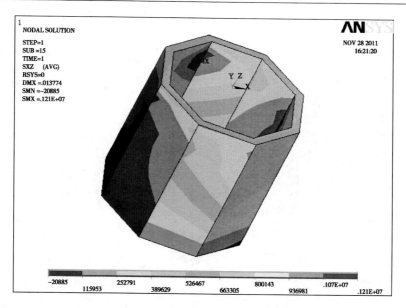

图 5 – 48　工况 Ⅳ（伴侣垫层 0.2m）伴侣剪应力 S_{sz}

侣垫层 0.2m）中剪应力 S_{xz}（τ_{xz}）云图。

从图 5 – 47 和图 5 – 48 中可以看出，工况 Ⅲ（伴侣桩基础）的最大剪应力 S_{xz}（1.03MPa）略小于工况 Ⅳ（伴侣垫层 0.2m）的最大剪应力 S_{xz}（1.21MPa），分布状况也比较接近；其余两个方向的剪应力 S_{xy} 和 S_{yz} 则相差不多。S_{xz} 与 S_{yz} 体现了伴侣环向应力的大小，环向应力水平尽管比某些方向的拉应力要小一些，但总的来说还是比较大的。

5.4.2.5　竖向荷载方向的应力比较

图 5 – 49 和图 5 – 50 分别为工况 Ⅲ（伴侣桩基础）和工况 Ⅳ（伴侣垫层 0.2m）中 Z（即竖向荷载作用）方向伴侣的 S_z（σ_z）云图。

从图 5 – 49 和图 5 – 50 中可以看出：

（1）工况 Ⅲ（伴侣桩基础）的最大压应力（3.78MPa）与工况 Ⅳ（伴侣垫层 0.2m）的最大压应力（3.72MPa）基本相当，均位于伴侣上部，由上往下逐渐减小，且都存在一定的应力集中，但工况 Ⅲ（伴侣桩基础）的应力集中的状况更加突出，大约在伴侣上部高度 5 厘米的范围迅速衰减；

（2）工况 Ⅲ（伴侣桩基础）的最大拉应力（1.63MPa）小于工况

195

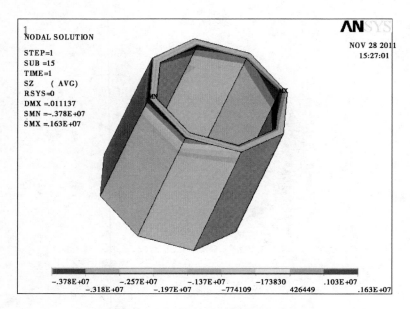

图 5-49 工况Ⅲ（伴侣桩基础）伴侣 S_z

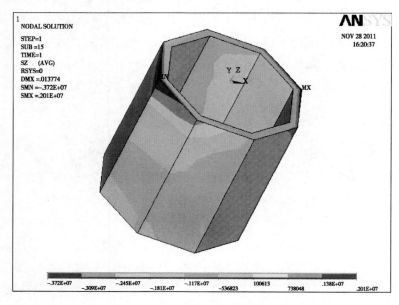

图 5-50 工况Ⅳ（伴侣桩 0.2m）伴侣 S_z

Ⅳ（伴侣垫层0.2m）的最大拉应力（2.01MPa），与最大压应力相同，也主要位于伴侣上部，但两种工况的分布明显不同。工况Ⅲ（伴侣桩基础）的最大拉应力位于伴侣内侧，且伴侣内侧各方向都存在拉应力；而工况Ⅳ（伴侣垫层0.2m）的最大拉应力位于伴侣的外侧，且对应的另一侧为受压。

（3）综合上述伴侣的应力，可以猜测：在工况Ⅲ（伴侣桩基础）中，伴侣与承台的连接部位处于由内向外撑开的状况，是桩顶向承台冲切应力的扩散而来，从而引起伴侣内侧的拉应力，但伴侣有一定的厚度和高度，拉应力引起了伴侣的变形，从而阻断了冲切应力的继续扩散。

（4）在工况Ⅳ（伴侣垫层0.2m）中，伴侣处于正常的受弯剪状态。

5.4.3　伴侣与承台之间的工作性状综合比较与分析

综合分析工况Ⅲ（伴侣桩基础）和工况Ⅳ（伴侣垫层0.2m）中伴侣与承台的各项应力指标和位移，可以得出以下结论：

（1）总的来说，工况Ⅲ（伴侣桩基础）中承台的应力水平大于伴侣的应力水平，例如对于水平荷载方向的应力 S_x，承台的最大拉应力为2.26MPa，最大压应力为3.18MPa，而伴侣的最大拉应力仅为0.45MPa，最大压应力为2.12MPa；又如对于第一主应力 S_1，承台的最大拉应力为2.02MPa，而伴侣的最大拉应力为1.74MPa，说明由于桩与承台刚接，伴侣作用的发挥有限。

（2）工况Ⅳ（伴侣垫层0.2m）的情况相反，伴侣的应力水平大于承台的应力水平，例如对于竖直荷载方向的应力 S_z，承台的最大拉应力为0.13MPa，最大压应力为0.31MPa，而伴侣的最大拉应力为2.01MPa，最大压应力为3.72MPa，超过承台10倍以上；又如对于第一主应力 S_1，承台的最大拉应力为1.33MPa，而伴侣的最大拉应力为2.19MPa，说明由于桩与承台脱离开，促进了伴侣作用的发挥。

（3）工况Ⅲ（伴侣桩基础）中伴侣受到的剪应力 S_{xz}（τ_{xz}）为1.03MPa，工况Ⅳ（伴侣垫层0.2m）受到的剪应力 S_{xz}（τ_{xz}）为1.21MPa，而相应工况承台的剪应力 S_{xz}（τ_{xz}）分别为0.7MPa和0.59MPa，也能够说明桩与承台脱离，伴侣作用的发挥能够增强，伴侣中环向应力水平有所提高。从目前的数据看，1.21MPa的环向应力基本上已经可以引起伴侣混凝土的开裂，如果继续加大竖向荷载，则引起环向应力的剪应力 S_{xz} 和 S_{yz} 可能将进一步增大。

（4）工况Ⅲ（伴侣桩基础）中，伴侣的最大位移为 11.1mm，小于承台的最大位移 13.1mm；工况Ⅳ（伴侣垫层 0.2m）中，伴侣的最大位移为 13.8mm，小于承台的最大位移 15mm。上述两种工况下伴侣的最大位移都小于承台的最大位移，可能是因为承台发生上下转动，增大了最大位移所致。

第六章　结论和今后的研究方向

通过前面几章对桩伴侣相关方面的理论探讨、试验研究、数值模拟和逻辑思维，可得出以下几点结论性意见：

（1）桩伴侣的"发明路径"启发我们可探索某种机制，人为地将桩土共同受力体的某些环节削弱或增强，改变共同工作的方式，使承载和沉降性状向预定的方向发展，即使产生非常大的总体沉降，也能够使局部沉降的差异可控，更能够使沉降的过程可控，实现工程上可以接受的较大总体沉降与较小差异沉降和较小工后沉降，从而极大地促进岩土工程的技术进步和经济上的巨大节约。

（2）以相对的深和浅来划分基础类型不尽合理，而用"直接基础"和"间接基础"的表述来划分基础类型更加合理，传统上"深基础"与"浅基础"的表述可以特指基础的相对埋深；直接基础可简单定义为能够直接将荷载传递到上层天然地基的基础；间接基础也可定义为穿过上部持力层将荷载传递到下部持力层并间接影响上层天然地基的基础。显然，这样一种分类方法同时包含了地基与地基两方面的因素，更客观地反映地基与基础之间相互依存、相互影响、相互作用的关系。

（3）"用沉降量换承载力"的等价说法或具体解释是地基承载的良性循环，即"上部荷载增大→压实地基土→地基土性质改善→可以承担更大的荷载→进一步压实地基土→地基土性质更加改善→……"，现有研究无论是对数螺旋线滑移线还是圆弧滑移线假设，都没有或没有充分考虑作用于滑移线上的附加应力对抵抗剪切滑动的贡献；桩伴侣对直接基础地基破坏形式的影响体现在：使基础底板与地基形成咬合并适度增大埋深，对土的滑动进行遮拦并干扰完整剪切带的形成，"三轴压缩"和"止沉"促进土承载力发挥，可减小直接基础发生整体剪切破坏的风险。

（4）选择适宜的滑移线可以将地基承载力问题转化为倾覆问题来研究；有桩伴侣的直接基础非常符合较小刚体位移的"圆弧滑动和向下冲剪"假设，滑移线是以基础底板宽度为直径的一个半圆，圆心位于基础底板的中心，基于莫尔库伦强度理论，以符拉蒙的附加应力解答推导出考虑附加应力和土自重的滑移线上土剪力对基底中心抵抗力矩的解析解，将所有的倾覆力矩归结为等效偏心，得到了评价地基承载力的等效偏心法，与通常的地基承载力的计算方法不同，等效偏心法不仅考虑土体性质、基础宽度、埋深等因素，同时考虑了上部结构的等效偏心来综合评价地基承载力，不同的等效偏心对应不同的地基承载力值，等效偏心越小则承载力越大，经初步对比，不考虑地震等水平荷载形成的等效偏心因素，在静力荷载下太沙基公式的极限承载力所对应的相对等效偏心 $\Delta F/B$ 在 0.154 左右，而承载力标准值所对应的相对等效偏心 $\Delta F/B$ 在 0.188 左右；以等效偏心法分析了桩伴侣"止沉"与"止转"的验算与控制的计算思路，中桩对于"止转"力矩的贡献很小，中桩的作用主要体现在调平地基基础沉降，减小筏板的内力，另外也使得滑移线的形式更加符合本书基于刚体微小运动所假设的圆弧滑移线，为了既能达到调平沉降的目的又能减小中桩的数量，可减小中桩桩顶与基础底板的预留沉降空间，甚至使中桩桩顶与基础底板直接接触，基桩设置应当重点加强边桩、角桩。

（5）较为系统地论述了常规间接基础（桩基础）的缺点，包括：上部地基土承压能力难以利用，桩先于地基土趋向于极限状态，"负摩阻力"的影响难以消除，荷载－沉降曲线突变、陡降、非渐进破坏，应力最大的部位约束最小等；进行了复合桩基优化设计对间接基础改进的局限分析；提出个别安全系数的概念解释和质疑常规变刚度调平"内强外弱"的结果，指出当只有基础底板沉降均匀这唯一的一个控制参数时，间接基础调平只能调整桩下部支承刚度的单一手段是产生变刚度调平优化设计调平的结果不符合常理的重要原因，是用降低个别安全系数为代价换取了基础底板沉降均匀；而桩伴侣具有调整桩上部支承刚度的能力，可均匀布桩、甚至局部加强边桩、角桩，增大抵抗整体倾覆的能力，适当调整桩顶与基础底板的距离，即边桩、角桩预留沉降大一些，中桩预留沉降小一些就可以实现变刚度调平。

（6）比较分析了桩伴侣的类似技术，桩伴侣不仅具有褥垫层、桩顶预留净空、桩端位移调节装置、桩帽（桩头部扩大）、基桩的防震构造等特征和优点，还具有自回复跷动减震等减震隔震和"扣眼"、"套袖"等桩身局部缓冲的技术特点，同时起到向土传递水平力、对桩阻隔水平力的双重作用，并且增大了基础底板的刚度；应用刚性桩复合地基时，应当注意地下室井坑破坏隔震、褥垫层模量影响隔震对其抗弯、抗剪能力较低的桩的水平承载产生的不利因素，此外，常规采用褥垫层的刚性桩复合地基还存在承载力"被平均"、基础既不经济也不安全以及"流动补偿"导致垫层流失的缺点。

（7）按照有限元收敛准则判断桩伴侣的极限承载力有不同程度的提高，但有限元模拟和现场实测证明伴侣对于按照传统方法判定承载力的无显著影响，桩伴侣承载力的提高依赖于沉降量的增大和土塑性的充分发挥，需要打破土原有的本构关系并建立新的体系，有限元软件本质上难以模拟出现"拐点"的"止沉"曲线，最好的方法还是试验；研究了刚柔桩复合地基静载荷试验时设置伴侣对桩土应力比的影响，设置伴侣后桩顶应力大幅度减小，伴侣附近桩间土的应力大幅度提高，证实伴侣较好地起到了替桩头分担荷载作用，伴侣的作用可解释为由于桩顶向上刺入垫层发生剪胀增大了垫层的内摩擦角，也可以理解为由于伴侣的约束作用增大了桩顶上方垫层土柱受到的被动土压力。

（8）提出了整合复合地基和复合桩基的承载力计算公式，并以安装桩顶位移调节器的摩擦桩室内试验的数据进行了验证，他们在本质上都是调节桩上部的支承刚度的方法，建议复合地基技术规范（征求意见稿）修改为："仅采用褥垫层技术的刚性桩复合地基中的混凝土桩应采用摩擦型桩，如果有可靠措施能够保证桩土相继同时共同工作时，桩顶与基础底板之间的土或垫层不会发生整体剪切破坏或其他滑移型的破坏，则刚性桩复合地基中的混凝土桩应采用端承效果好的桩型，桩端尽量落在好土层上"；推导了桩伴侣的整体承载力安全系数，表明桩伴侣的安全度在合理的范围内，并且即使天然地基满足率很低，也可以通过调整桩上部支承刚度，确保下部持力层的稳定，使安全系数总能保证大于等于2，因此，建议对于不同的抗震设防等级的建筑，采用不同的安全系数；建议用适度的不均匀沉降作为检验建筑工程实体质量的外部荷载，以"抵抗不均匀沉降指数"来衡量建筑工程的施工和设计质量水平；提出"最小配桩率"概念；桩伴侣主要利用上部地基土的承载力，沉降也主要由上部地基土的压缩引起，而且工后次固结沉降小，影响深度小的直接原位压板试验得到的极限沉降量与最终沉降量比较接近，结合桩伴侣"止沉"的沉降特性，可直接作为沉降量预测的依据，提出"整体倾斜"极限状态的概念做为变刚度调平"概念设计"的实用方法，今后应加强以原位试验为基础的各种沉降量计算和预测的方法应用于桩伴侣的研究；应用桩伴侣对某处理基桩缺陷事故案例的合理方案进行了再优化，减薄了承台，取消了片石找平层，并提出一项"桩姐妹"的方案，使作为直接基础的桩也能够承受上拔拉力，提出了现浇伴侣的施工方法。

（9）本书建议将承台与土之间的摩擦力小或地基土约束力差的低承台桩基称为"非典型高承台桩基"，将其从"典型的低承台桩基"中细分出来，使桩基的分类更科学系统，也可以引起广大设计、施工人员对这类侧限约束差的低承台桩基的重视，避免对待这类桩基在承受水平、地震荷载上时存在的侥幸心理和麻痹大意，具有更为切合实际的工程意义；当通过精心设计减小了竖向承载的用桩量，同时降低了水平承载安全系数，可考虑设置伴侣来弥补水平承载的不足，当不改变直接基础的属性，本书有限元数值模拟桩伴侣的改进证实：伴侣是承台向地基土传递水平荷载的可靠媒介，即使承台与土之间摩擦力小，也可大幅度减小基桩的应力和位移，对于桩身范围地基土模量低的"非典型高承台桩基"的水平承载性状也有一定的改善，建议在建筑工程的低承台桩基特别是非典型高承台桩基中普遍应用桩伴侣技术；低承台桩基的水平承载性状本质上取决于桩间土抵抗水平荷载的能力，由于桩本身的置换率较低，建议建在较差土质上的建筑工程应综合利用柔性桩、桩伴侣技术对地基土进行约束、加固；使用桩伴侣，桩顶与基础底板预留沉降空间就可以将传统的桩基础由间接基础改造为直接基础，本书有限元数值模拟桩伴侣的改进证实：水平荷载作用下，在负担弯矩与剪力的分配上，桩与伴侣可视为一个整体的"带伴侣的桩"，依据桩与伴侣各自的抗弯、抗剪刚度进行水平荷载的分配，桩身应力大幅度降低；设置伴侣后可取消褥垫层，伴侣内的地基土对桩顶有一定的拖曳作用，相比褥垫层来说，伴侣使桩基的水平位移和内力均有所增大；在配备桩伴侣的情况下，将桩与承台的连接方式由刚接改为铰接也能大幅度减小桩身内力，桩顶与承台距离的设计可单纯考虑竖向承载力和变刚度调平基础底板沉降的需要；伴侣高度的变化对于水平荷载作用下桩的内力和位移影响很小，带伴侣的低承台桩基与带伴侣的复合地基中的桩水平承载性状本质上取决于桩间土抵抗水平荷载的能力，伴侣高度的设计应综合考虑竖向承载力的需要以及桩顶与承台之间的构造状态；桩身截面位于伴侣底面的位置未出现应力突变，应力曲线连续；桩与承台脱离开，更加促进了伴侣作用的发挥，伴侣自身受到的内力较大，且较为复杂，在罕遇地震等荷载工况下，桩伴侣可作为耗能构件，首先牺牲伴侣，避免桩头剪切破坏，保持桩处于良好的工作状态，这是一种基桩抗震的概念设计方法[316]。

今后的研究方向：

（1）加强实证研究，努力争取桩伴侣应用于工程实践；

（2）搜集大量的工程实例对等效偏心法与传统地基承载力的判定方法进行比较、评价和修正；

（3）进行动荷载试验或进行动力分析桩伴侣的水平承载性能；

（4）以原位试验为基础的桩伴侣沉降量计算和预测的方法研究；

（5）继续探索便于应用于工程实践的"止沉"规律和计算方法；

（6）对伴侣本身和承台受力和构造的研究，以及施工方法等。

总之，桩伴侣还是新生事物，没有经过实践的检验，务必要本着"大胆假设，小心求证"的科学态度，谨记恩格斯[307]（"我们不要过分陶醉于我们人类对自然界的胜利。对于每一次这样的胜利，自然界都对我们进行报复"）和太沙基[308]（"土力学不仅是一门科学，而且是一门艺术"）的教诲，为岩土工程的发展尽一份微薄之力。

参 考 文 献

［1］罗兴廉.毛泽东晚年对马列主义哲学的发展——毛泽东晚年的精华思想（一）［DB/OL］.http：//mzd.wyzxsx.com/Article/class13/201005/2655.html.［2010 – 5 – 8］.

［2］恩格斯.劳动在从猿到人转变过程中的作用［M］北京：人民出版社，1971.

［3］斯蒂芬.加得纳著.汪瑞，黄秋萌，任慧译.人类的居所：房屋的起源和演变［M］.北京：北京大学出版社，2006.

［4］史佩栋，洪永星.桩在中国的起源、应用与发展［C］第七届全国桩基工程学术年会，2005.

［5］张卓远.祝玉琳.我国古代高重建筑的软弱地基处理［J］.古建园林技术，2002（2）：25.

［6］薛江炜.桩头的箍与带箍的桩，中国，200710160966.1［P］2007（XUE Jiang-wei. Loop Around Pile and Pile with Loop，China，200710160966.1，［P］2007）.

［7］薛江炜.刚性桩的头、身、脚——地基处理领域专利创新方法的研究和实践［D］.太原：太原理工大学，2008.136—142.

［8］薛江炜，马克生，韩晓娟.桩伴侣简介及其作用机理初探［R］.建设部2008奥运工程及全国重大基础工程创新技术成果应用交流会，2008：57—60.

［9］薛江炜，韩晓娟，葛忻声.带伴侣的桩极限承载力初探［C］.第三届全国岩土与工程学术大会论文集［C］，2009：103—106.

［10］H.F温特科恩（美），方晓阳，主编.钱鸿缙，叶书麟，等译校.基础工程手册［M］.北京：中国建筑工业出版社，1983.

［11］韩选江.补偿基础设计应用的予力作用原理［J］基建优化.

2005，26（2）：23—27.

　　［12］王涛，刘金砺.基坑回弹再压缩对于减小主裙差异沉降的有利效应［J］岩土工程学报.2011，33（S2）：250—255.

　　［13］刘均隆.薄壁空间结构式的新型基础在工程设计中的应用［C］.第二届空间结构学术交流会论文集（第二卷），1984.

　　［14］梅国雄，周峰，黄广龙，宰金珉.补偿基础沉降机理分析［J］.岩土工程学报.2006，28（S）：1398—1400.

　　［15］谢庆道，郑尔康.大直径现浇混凝土薄壁筒桩及在工程中的应用［J］.中国土木工程学会第九届土力学及岩土工程学术会议论文集，北京，2003，10.

　　［16］卢建平，曹国宁，张志强，等.新型桩基技术——现浇薄壁筒桩技术［J］.岩石力学与工程学报，2004（23）.

　　［17］郑刚，姜忻良.水泥搅拌桩复合地基承载力研究［J］.岩土力学，1999（9）.

　　［18］丁永君，李进军，李辉.劲性搅拌桩的发展现状［J］.低温建筑技术，2005（6）.

　　［19］李正，丁继辉，王维玉，董伯新.现浇刚性芯复合桩承载力试验研究［J］.勘察科学技术，2006（1）.

　　［20］戴民，周云东，张霆.桩土相互作用研究综述［J］.河海大学学报（自然科学版）,2006，34（5）：568—571.

　　［21］董平，秦然.基于剪胀理论的嵌岩桩嵌岩段荷载传递法分析［J］.岩土力学，2003，24（2）：215—219.

　　［22］张忠苗，辛公锋，吴庆勇，等.考虑泥皮效应的大直径超长桩离心模型试验研究［J］.岩土工程学报，2006，28（12）：2066—2071.

　　［23］张建新，吴东云.桩端阻力与桩侧阻力相互作用研究［J］.岩土力学，2008，29（2）：541—544.

　　［24］董金荣.灌注桩侧阻力强化弱化效应研究［J］.岩土工程学报，2009，31（5）：658—662.

　　［25］席宁中.试论桩端土层强度对桩侧阻力的影响［J］.建筑科学，2000，16（6）：51—60. XI Ning-zhong. A discussion on influence of soil strength ssundermeath a pile on the pile shaft resistance［J］. Building

Science. 2000，16（6）：51—60.

　　［26］沈保汉. 桩基础施工技术讲座第九讲：多节挤扩灌注桩［J］. 施工技术，2001，30（1）：51—53.

　　［27］杨志龙，等. 挤扩多支盘混凝土灌注桩承载力试验研究［J］. 土木工程学报，2002，10（5）：100—104.

　　［28］巨玉文，等. 挤扩支盘桩承载变形特性的试验研究及承载力分析［J］. 工程力学，2003，20（6）：34—38.

　　［29］梁仁旺，赵书平，樊春义. 钻孔挤扩支盘桩技术及工程应用［J］. 山西建筑，2001，27（6）：28—29.

　　［30］李波扬，吴敏. 一种新型的全螺旋灌注桩—螺纹桩［J］. 建筑结构，2004（08）.

　　［31］范静海，肖静静，潘尧锋. 螺杆桩技术及其应用［J］. 浙江建筑，2011（03）.

　　［32］方崇，张信贵，彭桂皎. 对新型螺杆灌注桩的受力特征与破坏性状的探讨［J］. 岩土工程技术，2006（06）.

　　［33］建筑施工手册（第四版缩印本）［S］. 北京：中国建筑工业出版社，2003.

　　［34］江正荣. 建筑施工工程师手册（第二版）［S］. 北京：中国建筑工业出版社，2002.

　　［35］王继忠. 波森特：复合载体夯扩桩技术［J］. 建设科技，2005，23—24.

　　［36］沈保汉. 复合载体夯扩桩［J］. 施工技术，2002（2）.

　　［37］张雪忠，张永胜. 复合载体夯扩桩的设计与工程运用［J］. 江苏建筑，2005（1）.

　　［38］复合载体夯扩桩设计规程条文说明（JGJ/T 135—2001，J121—2001）［S］. 北京：2001.

　　［39］沈保汉，应权. 桩端压力技术［J］. 建筑技术，2001（3）：155—158.

　　［40］沈保汉. 桩侧压力注浆桩［J］. 施工技术，2000，29（12）：49—50.

　　［41］刘俊龙. 桩底沉渣对超长人直径钻孔灌注桩承载力影响的试验研究［J］. 工程勘察，2000（3）：8—11.

［42］王旭. 压力灌浆提高钻孔灌注桩承载力的工艺和机理分析 ［D］. 1994.

［43］傅文询，王清友 ［J］. 压力注浆桩现场荷载试验研究 ［J］. 北京水利，1997（3）：50.

［44］刘文白. 抗拔基础的承载性能与计算 ［M］. 上海：上海交通大学出版社，2007.

［45］阎明礼，张东刚. CFG 桩复合地基技术及工程实践 ［M］. 北京：中国水利水电出版社，2002.

［46］徐至钧等. 地基处理新技术——孔内深层强夯 ［M］. 北京：中国建筑工业出版社，2011（3）.

［47］李清火，张浩杰. 孔内深层强夯法在湿陷性黄土地基中的应用 ［J］. 建筑科学，2011，01.

［48］北京交通大学. CECS 197—2006 孔内深层强夯法技术规程 ［S］. 2006. 工程建设推荐性标准 （CN-CECS）. Technical specification for down-hole dynamic compaction ［S］. 2006.

［49］姜规模，吴群昌，蔡金选，张思玉，韦显呈. DDC 法在西安高层建筑地基处理中的应用 ［J］. 勘察科学技术，2009（02）.

［50］Ge Xinsheng, Zhai Xiaoli, Xue Jiangwei. Model test research of pile body modulus on the long-short-pile composite foundatio ［J］ Advanced Materials Research. . 2011（243—249）：2300—2303.

［51］Ge Xinsheng, Xue Jiangwei, Zhai Xiaoli. Model test research of cushion thickness on the long-short piles composite foundation. Advanced Materials Research ［J］. 2011.（168—170）：2352—2358.

［52］中华人民共和国住房和城乡建设部. JGJ/T210—2010，刚 - 柔性桩复合地基技术规程 ［S］. 北京，中国建筑工业出版社，2010.

［53］闫明礼，王明山，闫雪峰，张东刚. 多桩型复合地基设计计算方法探讨 ［J］.

［54］金亚兵. 弹性理论在群桩优化设计中的应用研究 ［J］ 工程勘察，1993（2）.

［55］茜平一，等. 高层建筑带桩基础优化设计 ［J］. 土工基础 1994，8（1）.

［56］陈晓平，茜平一. 桩筏基础设计的系统分析方法研究 ［J］. 水

利学报，1995（10）.

[57] 龚晓南，陈明中.桩筏基础设计方案优化若干问题［J］.土木工程学报，2001，34（4）：107—110.

[58] 乔志炜，宰金珉，黄广龙.控制差异沉降的复合桩基优化设计方法［J］.地下空间与工程学报，2006，2（5）：818—821.

[59] 刘金砺.高层建筑地基基础概念设计的思考［J］土木工程学报，2006，39（6）：100—105.

[60] 张志刚，赫连志.浅基础下设变刚度垫层地基应力场模型试验［J］.山东建筑工程学院学报，1999（12），1~4.

[61] 宰金珉.地基刚度的人为调整及其工程应用［C］//第八届土力学及岩土工程学术会议论文集.北京：万国学术出版社，1999：235—238.

[62] 童衍蕃.设置不同材料的基础垫层减少建筑物差异沉降的理论与实践［J］.建筑结构学报，2003，24（1）：92—96.

[63] 周峰，宰金珉，梅国雄，等.天然地基变刚度垫层的概念与方法［J］.四川建筑科学研究，2009，35（4）：116—119.

[64] 侯化坤.变厚度褥垫层在复合地基中的应用［J］.工程建设与设计，2005（08）.

[65] 黄永林，孔建国，章熙海，张雪亮.基础隔震技术的发展及其对未来建筑设计思想的影响［J］.工程抗震，2000（01）.

[66] 梅国雄，胡铖波，梅岭.利用桩底沉渣的桩基室内模型试验研究［J］.岩石力学与工程学报，2011，30（S1）：3252—3259.

[67] 梅国雄，周峰，宋林辉，赵建平.纵向预应变桩，中国，200520077687.5［P］.2005.

[68] 约瑟夫 E.波勒斯（美）著，童小东，等.译.基础工程分析与设计［M］.北京：中国建筑工业出版社，2004.

[69] 沈珠江，陆培炎.评当前岩土工程实践中的保守倾向［J］.岩土工程学报，1997，19（4）：115—118.

[70] 陆培炎，徐振华.地基的强度和变形的计算［M］.西宁：青海人民出版社，1979.

[71] 高大钊.上海地基规范与软土工程技术的进步［J］.岩土工程师，3（3），1991.

［72］海野隆哉，大植英亮. 地下連続壁の井筒設計法と現場水平載荷試験［J］. 土木技術，1980，36（5）：48—57.

［73］浅野勝博，高橋幸浩，小笠原令和. 鉄道橋基礎的設計例：連壁剛体基礎［J］. 基礎工，1982，10（12）：70—77.

［74］松橋数保，高橋将徳. 道路橋における地下連壁井筒基礎の設計［J］. 基礎工，1984，12（12）：74—80.

［75］许黎明. 一种新的桥梁基础形式——地下连续墙基础［J］. 国外桥梁，1995，（3）：230—234.

［76］林在贯，高大钊，顾宝和，石振华，等. 岩土工程手册［M］. 北京：中国建筑工业出版社，1994.

［77］中华人民共和国建设部，国家质量监督检验检疫总局. GB 50007—2002. 建筑地基基础设计规范［S］. 北京：中国建筑工业出版社，2002.

［78］中华人民共和国建设部，国家质量监督检验检疫总局. GB 50011—2001. 建筑抗震设计规范［S］. 北京，中国建筑工业出版社，2001.

［79］中华人民共和国建设部. JGJ3—2002. 高层建筑混凝土结构技术规程［S］. 北京：中国建筑工业出版社，2002.

［80］上海大学隔震网［DB/OL］. http：//www. gezhen. net/.

［81］陈惠发. 著. 詹世斌. 译. 韩大建校. 极限分析与土体塑形［M］. 北京：人民交通出版社：1984.

［82］张在明. 北京地区高层和大型公用建筑的地基基础问题［J］. 岩土工程学报，2005，27（1）：11—23.

［83］姚仰平，主编. 罗汀，汪仁和，徐新生，徐尧，赵成刚. 审阅. 土力学［M］. 北京：高等教育出版社，2004.

［84］Vesic. A. S. Expansion of Cavities in Infinite soil Mass. J. SMEF，ASCE，No. SM2，VoL. 98，1972.

［85］Vesic A S. Bearing Capacity of Shallow Foundations，Foundation Engineering Handbook［M］. Van Nostrand. Reinhold Company，1975.

［86］Holcomb D J，Rudnicki J W. Inelastic constitutive properties and shear localization in Tennessee marble . International Journal for Numerical and Analytical Methods in Geomechanics，2001，25：109—129 .

［87］Oda M, Kazama H. Microstructure of shear bands and its relation to the mechanisms of dilatancy and failure of dense granular soils. Geotechnique, 1998, 48（4）: 465—481.

［88］徐连民，王天竹，祁德庆，于春海，顾励. 岩土中的剪切带局部化问题研究：回顾与展望［J］. 力学季刊，2004，25（4）：484—489.

［89］钱建固，黄茂松. 土体应变局部化现象的理论解析［J］. 岩土力学，2005，26（3）：432—436.

［90］蔡正银. 砂土的渐进破坏及其数值模拟［J］. 岩土力学，2008，29（3）：580—585.

［91］Chu J. An experimental examination of the critical state and other similar concepts for granular soils［J］. Can Geotech J, 1995, 32: 1065—1075.

［92］蔡正银，李相菘. 无黏性土中剪切带的形成过程［J］. 岩土工程学报，2003，25（2）：129—134.

［93］沈珠江. 桩的抗滑阻力和抗滑桩的极限设计［J］. 岩土工程学报. 1992，14（1）：51—56.

［94］陈亚东，王旭东，宰金珉. 复合桩基承台下土的极限承载力提高值分析［J］南京工业大学学报（自然科学版），2010. 32（3）：35—38.

［95］张在明，陈雷. 高层建筑地基整体稳定性与基础埋深关系的研究［J］. 工程勘察，1994，（5）.

［96］张在明. 关于地基承载力问题的分析［J］. 工程勘察，1995，（2）.

［97］魏汝龙. 软黏土的强度和变形［M］. 北京：人民交通出版社，1987.

［98］刘吉福，杨春林. 珠江三角洲地区竖向排水体施工扰动初探［J］. 岩石力学与工程学报，2003，22（1）：142—147.

［99］王海林，刘自楷，郭启军. 沉桩施工对软黏土地基的扰动影响［J］. 岩石力学与工程学报，2003，22（S1）：2536—2540.

［100］Desai. C. S. A consistent finite element technique forwork softening behavior［C］. Proc. Int. Conf. On Computer Methods in Nonlinear Mechanics. University of Texas，Austin，TX，1974.

［101］Desai C S. Mechanics of materials and interfaces：disturbed state concept［M］. BocaRaton：CRCPress，2001.

［102］张先伟，王常明. 基于扰动状态概念的结构性软土蠕变模型［J］土木工程学报，2011，44（1）：81—87.

［103］王国欣，肖树芳，黄宏伟，等. 基于扰动状态概念的结构性黏土本构模型研究［J］. 固体力学学报，2004，25（2）：191—197.

［104］徐洋，谢康和，刘干斌，庄迎春. 复合双层地基的极限承载力计算［J］. 土木工程学报，2004，37（4）：82—86.

［105］陈仲颐，周景星，王洪瑾. 土力学［M］. 北京：清华大学出版社，1994.

［106］王哲，王国才，陈禹，等. 矩形浅基础地基极限承载力的理论解［J］. 岩土力学，2008，29（4）：1001—1004.

［107］商建林，涂长红，谢叶彩. 地基极限承载力确定方法的分析与评价［J］. 西部探矿工程，2007（2）：140—142.

［108］易永利. 复合地基承载力的影响因素和确定方法［J］. 岩土工程界，2009，12（8）：25—28.

［109］程国勇，邱睿，段淳. 基底完全粗糙时太沙基地基承载力系数的解析解［J］. 中国民航大学学报，2011，29（1）：25—28.

［110］太沙基·K 著. 理论土力学［M］. 徐志英. 译. 北京：地质出版社，1960.

［111］俞茂宏. 双剪理论及其应用［M］. 北京：科学出版社，1998.

［112］张学言. 岩土塑性力学［M］. 北京：人民交通出版社，1993.

［113］俞茂宏，廖红建，张永强. 本构模型从单剪到三剪到双剪到统一［J］. 岩石力学与工程学报，1998，17（S1）：739—743.

［114］俞茂宏，刘奉银，胡小荣，等. Mohr-Coulomb 强度理论与岩土力学基础理论研究［J］. 岩石力学与工程学报，2001，20（S1）：841—845.

［115］俞茂宏. 强度理论新体系［M］. 西安：西安交通大学出版社，1992.

［116］周小平，黄煜镔，丁志诚. 考虑中间主应力的太沙基地基极限承载力公式［J］. 岩石力学与工程学报，2002，21（10）：

1554—1556.

[117] 高江平，俞茂宏，李四平.太沙基地基极限承载力的双剪统一解 [J].岩石力学与工程学报，2005，24（15）：2736—2740.

[118] 王祥秋，杨林德，高文华.基于双剪统一强度理论的条形地基承载力计算 [J].土木工程学报，2006，39（1）：79—82.

[119] 陈乐意，姜安龙，李镜培.考虑地基土自重影响的地基承载力系数 [J] 岩土力学，2012，33（1）：215—219.

[120] 肖大平，朱维一，陈环.滑移线法求解极限承载力问题的一些进展 [J].岩土工程学报，1998，20（4）：25—29.

[121] MICHALOWSKI R L. An estimate of the influence of soil weight on bearing capacity using limit analysis [J]. Soils and Foundations，1997，37（4）：57—64.

[122] DBJ 11—501—2009 北京地区建筑地基基础勘察设计规范 [S].2009.

[123] 张钦喜，李继红.地基承载力的新计算方法 [J].岩土工程学报，2010，（S2）：37—41.

[124] 何颐华，金宝森.高层建筑箱形基础加摩擦群桩的桩土共同作用 [J].岩土工程学报，1990，12（3）：54—65.

[125] 袁灯平，黄宏伟，程泽坤.软土地基桩侧负摩阻力研究进展初探 [J].土木工程学报，2006，39（2）.

[126] 杨顺安，冯晓腊，张聪辰.软土理论与工程 [M].北京：地质工业出版社，2000.

[127] 黄强.桩基工程若干热点技术问题 [M].北京：中国建材工业出版社.1996.

[128] 郑必勇.试谈城市环境岩土工程 [C].第一届华东岩土工程学术大会论文集.南京：[出版者不详]，1990：19—24.

[129] 魏焕卫，杨敏.大面积堆载情况下邻桩的有限元分析 [J].工业建筑，2000，30（8）：30—33.

[130] 吴一伟，费涵昌，林侨兴，等.砂土液化对桩基的影响 [J].同济大学学报，1995，23（3）：360—364.

[131] 何颐华，闵连太.湿陷性黄土地基桩的负摩擦力问题 [J].建筑结构学报，1982，3（6）：69—77.

［132］Poulos H G，Mattes N S. The analysis of downdrag in end-bearing piles［A］. In：the Proc. the 7th ICSMFE, Mexico City［C］. Mexico：Sociedad Mexicana de Mecanica de Suelos, 1969. 203—209.

［133］Small J C. Finite element analysis of downdrag on piles［A］. In：Proc. the Sixth International Conference on Numerical Methods in Geomechanics, Innsbruck［C］. Rotterdam A. A. Balkema, 1988. 1109—1114.

［134］Lee C J, Bolton M D, Al-Tabbaa A. Numerical modelling of group effects on the distribution of dragloads in pile foundations［J］. Geotechnique, 2002, 52（2）：325—335.

［135］惠焕利. 桩基设计中负摩阻力问题的探讨［J］. 陕西水力发电, 2000, 16（2）：26—29.

［136］夏力农，柳红霞，欧名贤. 垂直受荷桩负摩阻力时间效应的试验研究［J］. 岩石力学与工程学报, 2009, 28（6）：1177—1182.

［137］戴辉，胡彩丽. 国家康居示范小区出现"楼歪歪"［DB/OL］. http：//news. cnhubei. com/ctjb/ctjbsgk/ctjb06/201203/t2002290. shtml.［2012－03－14］.

［138］国家康居示范小区出现"楼歪歪".［DB/OL］. http：//news. 163. com/12/0314/10/7SI4899R00014AEE. html.［2012－3－14］.

［139］戴辉，胡彩丽，邹斌. 在江岸后湖，数声闷响后，一栋六层住宅楼摇晃着整体下沉.［DB/OL］http：//www. rexian. net. cn/info/2012/0314/117185. htm.［2012－3－14］.

［140］张忠苗，贺静漪，张乾青，曾亮春. 温州 323 m 超高层超长单桩与群桩基础实测沉降分析［J］. 岩土工程学报, 2010, 32（3）：330—337.

［141］唐亮，凌贤长，徐鹏举，等. 可液化场地桥梁群桩基础地震响应振动台试验研究［J］. 岩土工程学报, 2010, 32（5）：672—680.

［142］薛江炜. 一种改变桩受力状态的方法. 中国. 200910006898. 2［P］. 2009.

［143］杨军，阎明礼，唐建中，吴春林. 褥垫层在复合地基中的作用［J］. 建筑科学, 1991（2）：45—49.

［144］Huang Xiling. Deformation of Lime-Fly-ash Columns and Cement-Flyash Stone Columns Reinforced Composite Foundation［C］. 地基处

理与桩基础国际学术会议论文集. 1992.

[145] 阎明礼，杨军，吴春林，唐建中. CFG 桩复合地基在工程中的应用 [J]. 施工技术，1991（2）：15—17.

[146] 徐志国，宋二祥. 刚性桩复合地基抗震性能的有限元分析 [J]. 岩土力学，2004，25（2）：179—184.

[147] 李宁，韩煊. 褥垫层对复合地基承载机理的影响 [J]. 土木工程学报，2001，34（2）：68 – 83.

[148] 胡再强，王军星，刘兰兰，焦黎杰. 褥垫层作用下复合地基抗震性能有限元分析 [J]. 岩土力学，2008，29（S）：587—592.

[149] 郑刚，于宗飞. 复合地基承载力载荷试验及承载力确定的标准化问题 [J]. 建筑结构学报，2003，24（1）：84 ~ 91.

[150] 韩云山，白晓红，梁仁旺. 垫层对 CFG 桩复合地基承载力评价的影响研究 [J]. 岩石力学与工程学报，2004，（20）：3498—3503.

[151] 龚晓南. 21 世纪岩土工程发展展望 [J]. 岩土工程学报，2000，22（2）：238—242.

[152] 毛前，龚晓南. 桩体复合地基柔性垫层的效用研究 [J]. 岩土力学，1998，19（2）：67—73.

[153] 王年云. 复合地基上褥垫层设计的理论分析 [J]. 建筑结构，1999，12：24—26.

[154] 王年云. 刚性桩复合地基设计的探讨 [J]. 武汉城市建设学院学报，1999，16（2）：44—47.

[155] 池跃君，沈伟，宋二祥. 垫层破坏模式的探讨及其与桩土应力比的关系 [J]. 工业建筑，2001，31（11）：9—11.

[156] 刘吉福. 路堤下复合地基桩、土应力比分析 [J]. 岩石力学与工程学报，2003，22（4）：674—677.

[157] 周龙翔，童华炜，王梦恕，张顶立. 复合地基褥垫层的作用及其最小厚度的确定 [J]. 岩土工程学报，2005，27（7）：841—843.

[158] 郑俊杰，陈健，骆汉宾，鲁燕儿. 刚性桩复合地基垫层破坏模式及厚度分析 [J]. 华中科技大学学报（自然科学版），2008，36（7）：120—123.

[159] 杨光华，李德吉，官大庶. 刚性桩复合地基优化设计 [J]. 岩石力学与工程学报，2011，30（4）：818—825.

［160］郑俊杰，彭小荣．桩土共同作用设计理论研究［J］．岩土力学．2003，24（2）：242—245．

［161］浙江大学建筑工程学院，浙江中南建设集团有限公司．复合地基技术规范［S］．浙江省工程建设标准（DB33/1051—2008）．

［162］郑刚，顾晓鲁，刘冬林，刘畅．桩顶设置完全柔性桩垫的复合地基和复合桩基及其施工方法：中国，200410093878.0［P］．2004．

［163］郑刚，纪颖波，刘双菊，荆志东．桩顶预留净空或可压缩垫块的桩承式路堤沉降控制机理研究［J］．土木工程学报，2009，42（5）：125—132．

［164］郑刚，高喜峰，任彦华，吴永红．承台（基础）－桩－土不同构造形式下的相互作用研究［J］．岩土工程学报，2004，（03）：307—312．

［165］郑刚，刘双菊，裴颖洁，刁钰．用于调整差异沉降的预留净空桩筏基础模型试验研究［J］．岩土工程学报，2008，（05）．

［166］郑刚，刘冬林，李金秀．桩顶与筏板多种连接构造方式工作性状对比试验研究［J］．岩土工程学报，2009，（01）．

［167］郑刚，张慧东，刘双菊．承台（基础）—桩不同构造形式下桩土相互作用分析［J］．工业建筑，2006，36（6）：65—69．

［168］罗宏渊，尤天直，张乃瑞．北京嘉里中心基础底板下垫泡沫板的设计［J］．建筑结构，1997（7）：44—47．

［169］李静，吴葆永，姜琳，王林富，李娟．桩顶与承压板新型构造方式下的单桩承载特性［J］．中国石油大学学报（自然科学版），2011，35（5）：114—119．

［170］宰金珉，裴捷，廖河山．地基复合桩基施工工艺及其桩端位移调节装置：中国，200510040317.9［P］．2005．

［171］宰金珉，周峰，梅国雄，王旭东．桩端位移调节装置，中国，200510040316.4［P］．2005．

［172］宰金珉，王旭东，梅国雄，周峰．桩基沉降可调式承载桩，中国，200510041496.8［P］．2005．

［173］宰金珉，周峰，梅国雄，等．自适应调节下广义复合基础设计方法与工程实践［J］．岩土工程学报，2008，30（1）：93—99．

［174］周峰，宰金珉，梅国雄，等．桩土变形调节装置的研制与应

用 [J].建筑结构，2009，39（7）：40—42.

[175] 林树枝，汪亚建.复合桩基新技术在厦门建筑工程中的应用研究 [J].福建建筑，2010，（06）.

[176] 林树枝，裴捷，宰金珉，廖河山，黄明辉，陈强全.嘉益大厦复合桩基技术研究 [J].福建建筑，2008，（06）.

[177] 郭天祥，林树枝.桩顶设置弹性支座的端承桩复合桩基的设计及应用 [J].福建建设科技，2010，（01）.

[178] 郭亮，周峰，刘壮志，等.自适应位移调节下摩擦桩系列模型试验研究 [J].岩石力学与工程学报，2011，30（9）：1896—1903.

[179] 周峰，郭亮，刘壮志，王旭东，王继果.位移调节器用于端承型桩筏基础的模型试验研究 [J].岩土工程学报，2012，34（2）：373—378.

[180] 丁朝辉，何峥嵘，江欢成，杜刚.空腔后填式桩土承载力调节装置在厦门当代天境基础中的应用 [J].建筑结构，2009，30（S）.

[181] 钱洪涛，韩永春，赵灵霞.扩顶 CFG 桩的沉降和应力研究 [J].露天采矿技术，2007（2）.

[182] 杨涵明.桩帽在 PTC 型控沉疏桩复合地基中的作用 [J].交通标准化，2007（5）.

[183] 雷金波，徐泽中，殷宗泽.带帽 PTC 管桩在深厚软土地基处理中的应用 [J].路基工程，2006（6）.

[184] 雷金波，黄玲，刘芳泉，王中华，殷宗泽.带帽刚性桩复合地基荷载传递机理研究 [J].岩土力学，2007（8）.

[185] 何良德，陈志芳，徐泽中.带 PTC 单桩和复合地基承载特性试验研究 [J].岩土力学，2006（3）.

[186] 海老根，儀助.基桩的防震构造.（基礎杭の耐震構造），日本：特開平 9-310356 [P].1996.

[187] 基礎杭の耐震構造 [DB/OL] http：//www.patentjp.com/08/N/N102210/DA10001.html.

[188] Christopoulos C，Filiatrault A，Folz B. Seismic response of self-centering hysteresis SDOF systems [J]. Earthquake Engineering and Structrual Dynamics，2002，31（5）：1131—1150.

[189] Michael P，Michel B. Seismic retrofit of bridge steel truss piers

using a controlled rocking approach ［J］. Journal of Bridge Engineering, 2007, 12 （5）: 600—610.

［190］孙飞飞, 曹鹄. 自回复跷动减震结构地震反应分析 ［J］. 土木工程学报, 2010, 43 （S）: 411—422.

［191］Boardman P R, Wood B J, CarrA J. Union House: a cross braced structure with energy dissipators ［J］. Bul. l NZ Nat. Soc. Earthq. Eng, 1983, 16 （2）: 83—97.

［192］Charleson AW, Wright P D, SkinnerR I. Wellington Central Police Station: base isolation of an essential facility ［J］. Proc. Pacific Con. f on Earthquake Eng. , NZ, 1987, 2: 377—388.

［193］Buckle I G, Mayes R L. Seismic isolation: history, application- and performance: aworld view ［J］. Earthquake Spectra, 1990, 6 （2）: 161—201.

［194］Skinner R I, RobinsonW H, McVerry G H. 工程隔震概论 ［M］. 北京: 地震出版社, 1996.

［195］邹立华, 孙琪, 方雷庆, 张芝华, 周鹏. 柔性桩隔震消能体系的振动控制研究 ［J］. 振动与冲击, 2010, 29 （11）: 147—151.

［196］刘兵, 王振清, 梁文彦, 韩玉来, 孟祥男, 刘方. 一种承台与桩的柔性连接结构: 中国, 201010588135. 6 ［P］. 2010.

［197］刘兵, 王振清, 梁文彦, 韩玉来, 孟祥男, 刘方. 一种承台与桩的柔性连接结构: 中国, 201020660206. 4 ［P］. 2010.

［198］王震, 蒋首超, 张洁. 预应力灌浆套管连接的结构性能研究 ［J］. 建筑钢结构进展, 2010, 12 （6）: 11—18.

［199］American Petroleum Institute. Recom mended practice for planning, designing and constructing fixed offshore Platforms Working Stress Design （21st edition） ［M］. Washington, 2000.

［200］Health, Security Executives. Assessment of strengthening clamp from the Viking offshore platform: Phase ［M］. OffshoreTechnology Report （2000/057）. United Kingdom, 2000.

［201］Jiang S C, Wang Z, Zhao X L. Structural Performance of Prestressed Grouted Pile-to-Sleeve Connections ［C］ The Twelfth East Asia-Pacific Conference on Structural Engineering and Construction. Procedia Engineering 14（2011）：304—311.

［202］Zhao X L, Ghojelb J, Grundy P, Han L H. Behavior of grouted sleeve connections at elevated temper atures ［J］. Thin-Walled Structures, 2006, 44（7）：751—758.

［203］赵媛媛，蒋首超. 灌浆套管节点技术研究概况 ［J］. 工业建筑, 2009, 39（s1）：514—517.

［204］Bransby M F, Springman S M. Centrifuge Modelling of pile groups adjacent to surcharge loads ［J］Journal of the Japanese Geotechnical Society：soils and foundation. 1997, 37（2）, 39—49.

［205］Ng C W W, Zhang L M, Ho K K S, Choy C K. Influence of laterally loaded sleeved piles and pile groups on slope stability ［J］. Canadian Geotechnical Journal, 2001, 38（3）：553—566.

［206］Bransby M F. The buttonhole foundation technique ［R］. Cambridge Univ, Centrifuge data report. 1993.

［207］Siu K L. A review of design approaches for laterally loaded caissons with particular reference to sleeving ［R］. Special Project Report SPR 3/ 92, Geotechnical Engineering Office, Hong Kong. 1992.

Geotechnical Control Office （GCO）. Geotechnical Manual for Slopes （2nd edition）, Hong Kong Government Printer. 1984.

［208］Charles Ng W W, Zhang L M. Three-dimensional analysis of performance of laterally loaded sleeved piles in sloping ground ［J］Journal of geotechnical and geoenvironmental engineering, 2001, 127（6）：499—509.

［209］Zhang L M. NGC C W W. LEE J. Effects of slope and sleeving on the behavior of laterally loaded piles ［J］. Soils and Foundations. 2004, 44（4）：99—108.

［210］Kenneth F Dunker, Dajin Liu. Foundations for Integral Abutments ［J］Practice Periodical on Structural Design and Construction, 2007, 12（1）.

［211］刘祖德. 桩基设计中的若干问题 ［C］.//刘金砺. 桩基设计施工与检测/. 北京：中国建材工业出版社, 2001.

［212］刘丹，杨金志. 上海 13 层在建住宅楼整体倒塌 1 人死亡

［DB/OL］新华网. http：//news. sina. com. cn/c/p/2009-06-27/113018105661. shtml,［2009－6－27］.

［213］苏栋.水平（椭）圆形加载路径下的单桩模型试验研究［J］.岩土工程学报, 2011, 33（5）: 738—745.

［214］林梁.某楼房倒塌事故的原因分析［J］.工程质量, 2010, 3（28）: 61—64.

［215］宋洁人.上海莲花河畔景苑 7 号楼整体倾覆原因分析［J］.建筑技术, 2010, 9（41）: 843—846.

［216］常林越, 王金昌, 朱向荣, 等.水平受荷长桩弹塑性计算解析解［J］.岩土力学, 2010, 31（10）: 3173—3178.

［217］Sugimura Yoshihiro , Nakata Shinsuke , Kawashima Toshikazu, Abe Michihiko. Earthquake damage and its reproductive experiment of prestressed high strength concrete pile［R］. Transactions of the Architectural Institute of Japan, 1984,（340）: 40—50.

［218］古和田明, 石坂功, TANAKA Hiroaki, 佐伯宏重, 真島正人, 長瀧慶明. Investigation of damage to pile foundation due to the 1995 Hyougoken Nanbu Earthquake and analysis of its failure mechanism : Part1 Damage Investigation Summaries of technical papers of Annual Meeting Architectural Institute of Japan. B-1, Structures I, Loads, reliability stress analyses foundation structures shell structures［C］space frames and membrane structures. 1997: 711—712.

［219］SEO Shirou, HOSONO Hisayuki, NAGAI Koushirou. Natural modes of Soil-structure Interaction and Damage to Buildings in the Hyougoken Nanbu Earthquake 1995 : Part 2 Damage to buildings in soil-structure interaction［R］.学術講演梗概集.構造系.2002,（B-1）, 561—562.

［220］Sugimura Yoshihiro , Karkee Madan B, Mitsuji Kazuya. An investigation on aspects of damage to precast concrete piles due to the 1995 hyougoken-nambu earhquake［J］. Journal of structural and construction engineering. Transactions of AIJ, 2003,（574）: 113—120.

［221］Salini U, Girish M S. Lateral Load Capacity of Model Piles On Cohesionless Soil Peer-Reviewed［C］. Electronic Journal of Geotechnical Engineering. 2009, 14（1）: 1—11.

［222］YOSHIMICHI TSUKAMOTO and KENJI ISHIHARA. ANALYSIS ON SETTLEMENT OF SOIL DEPOSITS FOLLOWING LIQUEFACTION DURING EARTHQUAKES ［C］. SOILS AND FOUNDATIONS 2010，50（1）：399—411.

［223］Ta L D, Small J C. An approximation for analysis of raft and piled raft foundations ［C］. Computers and Geotechnics. Volume 20，Issue 2，1997：105—123.

［224］刘惠珊. 桩基震害及原因分析——日本阪神大地震的启示［J］. 工程抗震，1999，（1）：37—43.

［225］刘惠珊. 桩基抗震设计探讨——日本阪神大地震的启示［J］. 工程抗震，2000，（3）：27—32.

［226］刘金砺，高文生，邱明兵. 建筑桩基技术规范应用手册［M］. 北京. 中国建筑工业出版社，2010.

［227］宋天齐. 桩基及有关抗震问题商榷［J］. 工程抗震与加固改造，2006，28（2）：101—104.

［228］龚昌基. 浅析桩的水平抗力问题［J］. 福建建筑，2010，143（5）：145—146.

［229］李春凤. 汶川地震桥梁震害与延性抗震设计探讨［J］. 公路交通科技，2009，26（4）：98—102.

［230］尹海军，徐雷，申跃奎，等. 汶川地震中桥梁损伤机理探讨［J］. 西安建筑科技大学学报（自然科学版），2008，40（5）：672—677.

［231］王丽萍，李英民，郑妮娜，等. 5·12汶川地震典型山地建筑结构房屋震害调查［J］. 西安建筑科技大学学报（自然科学版），2009，41（6）：822—826.

［232］黄清猷. 箱形与筏形基础埋置深度计算［J］. 建筑结构，2001，31（10）：3—8.

［233］陈跃庆，吕西林. 几次大地震中地基基础震害的启示［J］. 工程抗震，2001，（2）：8—15.

［234］韩小雷，季静，李立荣. 地震作用下高层建筑箱（筏）基础埋深的探讨［J］. 华南理工大学学报（自然科学版），2000，28（9）：93—98.

［235］喻林，夏训清，付乐.简明地基基础结构设计施工资料集成［M］.北京：中国电力出版社，2005.

［236］陈孝堂.建筑桩基抵抗水平力分体系的概念设计［J］.建筑结构，2009，39（11）：90—93.

［237］中华人民共和国住房和城乡建设部.JGJ94—2008.建筑桩基技术规范［S］.北京，中国建筑工业出版社，2008.

［238］刘汉龙，张建伟，彭劼.PCC桩水平承载特性足尺模型试验研究［J］.岩土工程学报，2009，31（2）：161—165.

［239］刘汉龙，陶学俊，张建伟，等.水平荷载作用下PCC桩复合地基工作性状［J］.岩土力学，2010，31（9）：2716—2722.

［240］李云鹏，王芝银.LNG储罐高低承台桩基础抗震性能对比分析［J］.岩土力学，2010，31（S2）：265—269.

［241］唐亮，凌贤长，徐鹏举，等.承台型式对可液化场地桥梁桩—柱墩地震响应影响振动台试验［J］.地震工程与工程振动，2010，30（2）：155—160.

［242］文华，程谦恭，陈晓东，等.竖向荷载下矩形闭合地下连续墙桥梁基础群墙效应研究［J］.岩土力学，2009，30（1）：152—156.

［243］管自立.软土地基上"疏桩基础"应用实例［C］//城市改造中的岩土工程问题学术讨论会论文集.杭州：浙江大学出版社，1990.

［244］杨敏，葛文浩.减少沉降桩在厂房桩基础上的应用//侯学渊，杨敏.软土地基变形控制设计理论和工程实践［M］.上海：同济大学出版社，1996.

［245］宰金珉.塑性支承桩——卸荷减沉桩的概念及其工程应用［J］.岩土工程学报，2001，3（5）：73—78.

［246］龚晓南.广义复合地基理论及工程应用［J］.岩土工程学报，2007，29（01）1—13.

［247］王涛，刘金砺，高文生.桩基变刚度调平设计的实施方法研究［J］.岩土工程学报，2010，32（4）：531—537.

［248］刘金砺，迟铃泉，张武，等.高层建筑地基基础变刚度调平设计方法与处理技术［R］.2008.

［249］刘金砺，迟铃泉.桩土变形计算模型和变刚度调平设计［J］.岩土工程学报，2000，22（2）：151—157.

［250］周峰，刘壮志，赵敏艳.软土地区复合桩基础适用条件的探讨［J］.水文地质工程地质，2010，37（2）：87—90.

［251］施鸣升.沉入黏性土中桩的挤土效应探讨［J］建筑结构学报，1983，4（1）：60—71.

［252］Cooke R W，Price G，Tarr K. Jacked Piles in London Clay，Interaction and Group Behavior under Working Conditions［J］Geotechnique，1980，30（2）.

［253］API Recommended Practice for Planning，Design and Construction Fixed Offshore Platform［S］.11th Ed. Jan. 1980.

［254］宰金珉，蒋刚，王旭东，李雄威，何立明.极限荷载下桩筏基础共同作用性状的室内模型试验研究［J］.岩土工程学报.2007，29（11）：1597—1603.

［255］宰金珉，宰金璋.高层建筑基础分析与设计—土与结构物共同作用的理论与应用［M］.北京：中国建筑工业出版社，1993.

［256］史佩栋.实用桩基工程手册［M］.北京：中国建筑工业出版社.1999.

［257］何颐华，金宝森，韩义夫，王秀珍，雷光木.高层建筑箱基下满堂摩擦群桩荷载分配的试验分析［J］.建筑结构学报，1991，12（4）：51—61.

［258］刘冬林，郑刚，刘金砺，李金秀.刚性桩复合地基与复合桩基工作性状对比试验研究［J］.建筑结构学报，2006，27（4）：121—128.

［259］刘金砺，袁振隆.粉土中钻孔群桩承台-桩-土的相互作用特性和承载力计算［J］.岩土工程学报，1987，（6）：1—15.

［260］杨光华.地基非线性沉降计算的原状土切线模量法［J］.岩土工程学报，2006，28（11）.

［261］葛忻声，白晓红，龚晓南.高层建筑复合桩基中单桩的承载性状分析［J］.工程力学，2008，25（S1）：99—101.

［262］贺武斌，贾军刚，白晓红，谢康和.承台-群桩-土共同作用的试验研究［J］.岩土工程学报，2002，24（6）.

［263］黄绍铭，王迪民，裴捷，贾宗元，魏汝楠，姚建明.按沉降量控制的复合桩基设计方法（下）［J］.工业建筑，1992（8）：41—44.

［264］何颐华，金宝森. 高层建筑箱形基础加摩擦群桩的桩土共同作用［J］. 岩土工程学报，1990，12（3）：54—65.

［265］李韬，高大钊，顾国荣. 沉降控制复合桩基"时间效应"的简化力学模型分析［C］. 2004 年度上海市土力学与岩土工程学术年会论文集. 2004.

［266］殷宗泽，张海波，朱俊高，等. 软土的次固结［J］. 岩土工程学报，2003，25（5）：521—526.

［267］JTJ017—1996 公路软土地基路堤设计与施工技术规范［S］. 北京：人民交通出版社，1997.

［268］钱家欢，殷宗泽. 土工原理与计算［M］. 北京：中国水利水电出版社，1996.

［269］陈宗基.（TAN TJONG-KIE）. SECONDARY TIME EFFECTS AND CONSOLIDATION OF CLAYS［J］. 中国科学 A 辑（英文版）Science in China，Ser. A，1958，（11）：1060—1075.

［270］BJERRUM L. Engineering geology of normally consolidated marine clays as related to the settlement of buildings［J］. Geotechnique，1967，17（2）：83—118.

［271］MESRI G，STARK T D，AJLOUNI M A，et al. Secondary compression of peat with or without surcharging［J］. Geotechnical Engineering，ASCE，1997，123（5）：411—421.

［272］石井一郎，小川富美子，善功企. 大阪湾泉州海底地盤の工学的性質（その2）物理的性质・压密特性・透水性［R］. 日本横须贺：こうわんくうこうぎじゅつけんきゅうじょ，1984，498：47—86.

［273］BURLAND J B. On the compressibility and shear strength of natural clay［J］. Geotechnique，1990，40（3）：329—378.

［274］HONG Z，ONITSUKA K. A method of correcting yield stress and compression index of Ariake clays for sample disturbance［J］. Soils and Foundations，1998，38（2）：211—222.

［275］余湘娟，殷宗泽，董卫军. 荷载对软土次固结影响的试验研究［J］. 岩土工程学报，2007，29（6）：913—916.

［276］曾玲玲，洪振舜，刘松玉，章定文，杜延军. 天然沉积结构性土的次固结变形预测方法［J］. 岩土力学，2011，32（10）.

［277］陈晓平，刘祖德. 复合桩基承载力可靠度研究［J］. 武汉水利电力大学学报，1999，32（5）：49~53.

［278］宰金珉，陆舟，黄广龙. 按单桩极限承载力设计复合桩基方法的可靠度分析［J］. 岩土力学，2004，25（9）：1483—1486.

［279］吴鹏. 基于刚性承台群桩沉降的可靠度研究［J］. 岩土力学，2007，28（8）：1744—1748.

［280］高大钊. 高层建筑桩基础的安全度与可靠性评价［C］//历佩栋，高大钊，钱力航主编. 21世纪高层建筑基础工程. 北京：中国建材工业出版社，2000.

［281］宰金珉，陈国兴，杨嵘昌，王旭东，黄颖，韩爱民，刘子彤，李俊才，梅国雄. 塑性支承桩工程验证与现场测试试验研究［J］. 建筑结构学报，2001，22（5）86—92.

［282］宰金珉. 桩土明确分担荷载的复合桩基及其设计方法［J］. 建筑结构学报，1995，16（4）：66—74.

［283］张世民，张忠苗，魏新江，郑阅. 极限应力法计算复合桩基沉降［J］. 岩石力学与工程学报，2006，25（S1）：3264—3268.

［284］郑刚，顾晓鲁. 复合桩基设计若干问题分析［J］. 建筑结构学报，2000，21（5）：75—80.

［285］刘金砺，迟铃泉. 高层建筑地基基础的变刚度调平设计［C］//历佩栋，高大钊，钱力航主编. 21世纪高层建筑基础工程. 北京：中国建材工业出版社，2000.

［286］郑冰，邓安福，曾祥勇，梁莉. 刚柔组合二元复合地基布桩对结构的影响分析［J］. 地下空间与工程学报，2010，6（5）：1082—1087.

［287］JGJ79—2002 中华人民共和国住房和城乡建设部. 建筑地基处理技术规范［S］. 北京，中国建筑工业出版社，2002.

［288］宋建学，李迎乐，周同和. CFG-PHC组合式长短桩复合地基试验研究［J］. 岩土工程学报，2010，32（S2）：119—122.

［289］张在明. 对我国现行岩土工程规范的几点看法：土建结构工程的安全性与耐久性. 工程科技论坛（第二届）. 北京：清华大学出版社，2003.

［290］张在明. 我国岩土工程技术标准系列的特点和可能存在的问

题. 岩土工程界, 2003, (3): 20—26.

［291］浙江大学建筑工程学院, 浙江中南建设集团有限公司. 复合地基技术规范（征求意见稿）. 中华人民共和国住房和城乡建设部. GB/T50783—2012 复合地基技术规范［S］. 北京: 中国建筑工业出版社, 2012.

［292］张卫兵, 唐莲. 高路堤荷载下压实黄土的次固结变形研究［J］. 公路, 2009, 2 (2): 69—73.

［293］张季超, 杨永康, 王可怡, 马旭. 基于性能的桩基设计概念探讨［J］. 岩土工程学报, 2011, 33 (S2): 54—57.

［294］杨光华. 地基沉降计算的新方法［J］岩石力学与工程学报. 2008, 27 (4): 679—686.

［295］李仁平. 用双曲线切线模量方程计算地基非线性沉降［J］. 岩土力学, 2008, 29 (7): 1987—1992.

［296］JGJ6-1999 高层建筑箱形与筏形基础技术规范［S］. 北京: 中国建筑工业出版社, 1999.

［297］焦五一. 地基变形计算的新参数——弦线模量的原理和应用［J］. 水文地质及工程地质, 1982, (1): 30—33.

［298］焦五一. 压缩模量的错误和弦线模量的改正［J］. 岩土工程师, 2003, 15 (4): 22—27.

［299］门楷. 建筑地基沉降计算方法的评价［J］. 青岛理工大学学报, 2006, 27 (5): 30—33.

［300］杨光华, 王鹏华, 乔有梁. 地基非线性沉降计算的原位土割线模量法［J］. 土木工程学报, 2007, 40 (5): 49—52.

［301］杨光华, 苏卜坤, 乔有梁. 刚性桩复合地基沉降计算方法［J］. 岩石力学与工程学报, 2009, 28 (11): 2193—2200.

［302］姚仰平, 祝恩阳. 比萨斜塔斜而不倒的数学奥秘［J］. 岩土力学. 2011, 32 (S2): 36—41.

［303］浙江法治在线. 台州玉环坎门一小区 18 层高楼惊现"楼歪歪"［DB/OL］. http://www.qtfz.gov.cn/zjfzol/system/2011/11/04/014407694.shtml.［2011.11.4］.

［304］Geofem. 2009. 桩伴侣的数值分析与讨论.［DB/OL］http://www.yantubbs.com/read.php?tid=58030.

［305］王丽，郑刚，刘双菊.竖向荷载作用下承台（基础）—桩不同构造形式下的工作性状分析［J］.四川建筑科学研究，2007，33（4）：89—92.

［306］朱奎，徐日庆，沈加珍.桩土共同作用原理在处理质量事故方面的应用［J］.科技通报，2011，27（1）：84—88.

［307］中共中央马克思恩格斯列宁斯大林著作编译局.马克思恩格斯选集［M］.北京：人民出版社.1995.

［308］TERZAGHI K. Theoretical soil mechanics［M］. New York：John Wiley & Sons, 1943.

［309］Xue Jiangwei, Cai Jingluo, Yang Yong, Ge Xinsheng. Variable Rigidity Pile（Pile Partner）deal with unconfined direct and indirect footing（foundation）［C］. Advances in Civil Engineering Ⅱ. Applied Mechanics and Materials, 2013（256—259）：39—42.

［310］Xue Jiangwei, Yang Yong, Zhao Yi, Ge Xinsheng. Three-dimensional analysis of the partner of laterally loaded variable rigidity pile（pile partner）［C］. Advances in Civil Engineering Ⅱ. Applied Mechanics and Materials, 2013（256—259）：320—332.

［311］Xue Jiangwei, Song, Ning, Yang, Yong, Ge Xinsheng. Finite element analysis of the pile-cap of laterally loaded variable rigidity pile（pile partner）［C］. Advances in Civil Engineering Ⅱ. Applied Mechanics and Materials, 2013（256—259）：450—453.

［312］薛江炜，葛忻声，杨勇，蔡景珞.水平静力荷载作用下桩伴侣工作性状有限元模拟以及与无伴侣构造形式的比较分析［J］.岩石力学与工程学报，2013（S2）.

［313］李丰，宋二祥.北京地区典型地层中刚性桩复合地基抗震性能分析［J］.岩土工程界，2008.11（12）：27—33.

［314］郑刚，刘双菊，伍止超，等.刚性桩复合地基在水平荷载作用下工作性状的模型试验［J］.岩土工程学报，2005（08）：9—13.

［315］王伟，杨尧志.水泥粉煤灰碎石桩复合地基抗震性能分析［J］.世界地震工程，2000，16（2）.

［316］武思宇，宋二祥，刘华北，等.刚性桩复合地基的振动台试验研究［J］.岩土工程学报，2005，27（11）：1334—1337.

［317］武思宇，宋二祥，等.刚性桩复合地基抗震性能的振动台试验研究［J］.岩土力学，2007，28（1）：77—82.

［318］宋二祥，武思宇，刘华北.刚性桩复合地基地震反应的拟静力计算方法［J］.岩土工程学报，2009，31（11）：1723—1728.

［319］闫明礼，刘国安，杨军，吴春林，唐建中.水平荷作用下CFG 合地基的性状［J］.建筑科学，1994（4）：27—30.

［320］武思宇，宋二祥.刚性桩复合地基地震反应机理分析［J］.岩土力学.2009，30（3）：785—792.

［321］夏栋舟，何益斌，刘建华.刚性桩复合地基-上部结构动力相互作用体系抗震性能及影响因素分析［J］.岩土力学，2009，30（11）：431—434.

［313］CEN/TC 250. Eurocode 8：Design of structures for earthquake resistance Part5：Foundations, retaining structures and geotechnical aspects. European Committee for Standardization Technical Committee 250, Brussels, Belgium, Standard EN 1998-5, 2003.

［314］CEN/TC 250. Eurocode 8：Design of structures for earthquake resistance Part 1：General rules, seismic actions and rules for buildings. Standard EN-1998-1. European Committee for Standardization Technical Committee 250, 2003.

［315］Luca de Sanctis, Rosa M S, Maiorano, Stefano Aversa. A method for assessing kinematic bending moments at the pile head［J］. Earthquake Engng Struct. Dyn, 2010, 39：1133—1154.

［316］薛江炜，葛忻声，蔡景珞，杨勇.桩伴侣与基桩抗震的概念设计［J］.工程抗震与加固改造，2013（4）.

附录1 桩头的箍与带箍的桩

1. 附图说明

图 1 为地基的横断面示意图，仅标出了桩（1）和箍（2）。

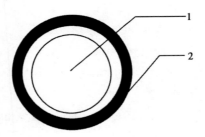

附图 1 – 1 横断面示意图

图 2 和图 3 分别为典型的刚性桩复合地基和桩基础的剖面构造示意图。示例中箍（2）的截面形式为矩形。附图编号说明如下：（1）桩；（2）箍；（3）上部结构；（4）垫层；（5）预留净空；（6）桩承台（基础底板）。

2. 有关的受力及作用分析

（1）桩是各种竖向增强体的统称，承担竖向荷载是桩的长项，而桩的短处是承担水平荷载的能力弱。水平荷载主要发生在桩的上部，而且桩头处在地基与上部结构的连接位置，其受力状态最复杂，有些类型的桩桩头受力最大，对桩头的施工质量要求也最高。桩伴侣的设置使桩头附近增加了一个受力体，分担一部分荷载，减小了桩头的应力集中，改善受力条件，弥补施工质量缺陷。

（2）箍与桩、桩间土共同分担水平荷载，特别是分担大部分原来需要由桩头承担的水平荷载，克服了竖向增强体承担水平荷载的能力弱的缺点。对于桩基础来说，箍的侧向刚度比桩大很多，可以承担大部分

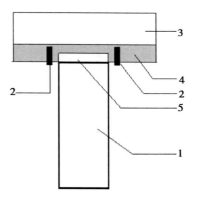

附图 1 – 2　典型的刚性桩复合地基

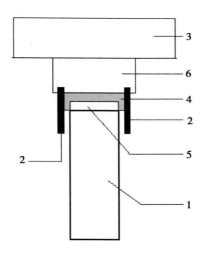

附图 1 – 3　典型的桩基础

的水平荷载，桩处于带箍的桩的中性点处，混凝土桩可以减小配筋量，甚至可以采用不配钢筋的素混凝土桩。

（3）箍承担部分垂直荷载，并将垂直荷载通过对桩间土和垫层的约束作用以负摩阻力的形式逐渐传递到桩的侧面，同时在一定深度范围内增大对桩侧面的约束。这样，对桩头来说，减小了垂直方向的主应力，增大了另外两个方向的应力，相应提高了材料极限破坏的强度；对桩头以下一定区域的桩身来说，不仅增大了侧面的约束，而且由于箍的分担和传力作用，减小了正、负摩阻力中性点处桩身轴力最大值的峰值。

（4）随着上部荷载的增加，逐步形成桩顶部位的"扩大头"，相当于"支盘"的作用，可提高刚性桩的极限承载力，减小沉降量。此外，箍约束柔性桩在桩顶范围内发生的侧向膨胀，可以大幅度减小地基的沉降变形，提高柔性桩复合地基的承载能力。

（5）箍内土受到上部基础底板、周围箍和下部桩的刚性约束，处于三向受力状态，可以极大地提高箍内土的极限极限承载力。

（6）箍加大了桩顶面积，减少了桩顶对基础地板的冲切力，可以增大基础底板的刚度，减小基础地板的厚度，带箍的桩可以应用更大的桩间距和更薄的垫层，这些因素都可以降低工程造价。

3. 典型施工方式

（1）满铺褥垫层。

在缺乏工程实践的情况下，为了与现行规范和常规做法衔接，对于采用刚性桩的复合地基，可在平整桩头以后将桩伴侣摆放到桩头的周围，然后铺设褥垫层，由于桩伴侣可以减小桩向上刺入对基础底板造成的冲切，褥垫层的厚度可以薄一些，建议取 100mm 即可。

（2）局部褥垫层。

采用大型机械开挖至距离桩顶 0.5m，然后在桩头周围人工开挖一个环形坑，整平桩头至设计标高，放置高度为 0.5～1m 的预制桩伴侣，以毛砂或碎石填充坑内空隙。也可填充柔性垫层预留桩顶沉降空间。

（3）不设褥垫层。

大型机械开挖，至距离桩顶 1m，人工或者小型机械围绕桩、距离桩一定距离开挖沟槽 1～1.5m（即为桩伴侣的高度），现浇或放置桩伴侣，打垫层、作防水，铺设底板。

4. 权利要求书文本

（1）一种在地基处理方法中箍与桩配合使用的带箍的桩，其特征在于，在桩头侧面上下一设定高度范围设置一闭合环形箍，该箍的内径大于桩头的外径，箍与桩是分开的，桩与桩头的箍通过桩间土和垫层的传力来协同工作，组合成带箍的桩。

（2）按照权利要求 1 所述的在地基处理方法中箍与桩配合使用的带箍的桩，其特征在于，所述桩箍的截面是矩形、三角形、"T"字形或"L"字形、圆形截面形式中的一种。

（3）按照权利要求 1 所述的在地基处理方法中箍与桩配合使用的带箍的桩，其特征在于，所述桩的桩顶预留净空。

（4）按照权利要求 1 所述的在地基处理方法中箍与桩配合使用的带箍的桩，其特征在于，对于带有承台的桩基础，箍伸入承台内部，承台的钢筋与箍的钢筋相互连接。

附录2　一种改变桩受力状态的方法

1. 附图说明

图1–图4为几种实现方式的构造示意图，均为桩顶与基础底板不直接接触的状态。附图编号说明如下。

（1）桩；（2）伸出桩外的构件；（3）承台（基础底板）；（4）孔洞；（5）上部柱、墙；（6）桩头的扩大头；（7）螺母、垫片；（8）支撑锚固点；（9）临时传力构件；（10）箍或辅助桩。

图示用螺母、垫片（7）来示意对伸出桩外的构件（2）进行固定。图中未画出张拉机具，用箭头表示受力（张拉）方向。图1中临时传力构件（9）如果永久使用，则可视作伸出桩外的构件（2）的一部分。

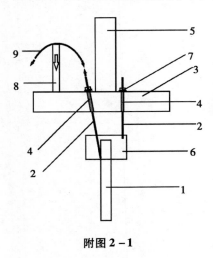 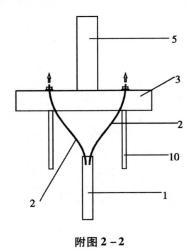

附图2–1　　　　　　　　　　　　附图2–2

2. 具体实施方式

实施例1：参见附图2–1

与桩（1）相连接的伸出桩外的构件（2）通过在承台（基础底板）

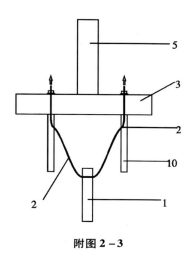

附图 2-3

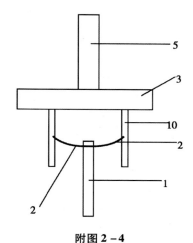

附图 2-4

（3）中设置的孔洞（4），伸到承台（基础底板）（3）的上面，从而为张拉或压缩伸出桩外的构件（2）提供了操作的空间。伸出桩外的构件（2）穿过孔洞进行固定，或者经过设定的张拉或压缩操作程序后固定，通过伸出桩外的构件（2）向桩（1）传递荷载，以使得荷载的传递路径、桩（1）的受力状态发生改变。用于张拉或压缩的机具设备的支撑锚固点（8）不设置在桩（1）的正上方，通过对伸出桩外构件（2）的张拉或压缩，可将桩（1）承受的荷载分担到周边，或者将周边的荷载集中到桩（1），从而影响桩周围区域的沉降，达到调节沉降的目的。伸出桩外的构件（2）由弹性模量较高的钢筋、钢绞线、高强纤维等材料制作，或者是弹性模量较低的橡胶、弹簧等材料制作，对伸出桩外的构件（2）进行防腐处理，以满足耐久性要求，对伸出桩外的构件（3）加套筒、端部设置锚具，以满足张拉、压缩工艺要求。在伸出桩外的构件（2）上加工螺纹，以垫片、螺母（7）固定该构件，拧动螺母实现张拉或压缩，适用于当伸出桩外的构件（2）横断面为圆形时的张拉、压缩工艺。伸出桩外的构件（2）固定前将承台（基础底板）（3）中设置的孔洞（4）用不易凝固、缓凝防水的油脂或树脂材料临时填充止水，彻底固定后将孔洞（4）用加膨胀剂、沥青的混凝土、油脂或树脂材料进行封闭。局部改变桩头、桩身横截面，可以调整孔洞（4）和伸出桩外构件（2）的方位，例如桩头的扩大头（6），满足连接固定的需要。当桩（1）与承台（基础底板）（3）不直接接触时，可在桩顶放置减震装置、位移调节装置，根据需要填充材质不同的碎石、毛砂、粉煤灰、橡胶、泡沫塑料等材料及其组合或者预留净空。桩（1）与承台（基础底板）（3）不直接接触，受到荷载作用后两者之间将产生一定的相对位移，比如上部垂直荷载作用使得桩向上"刺入"，与此同时，伸出桩外的构件（2）可以穿过孔洞（4），再经过进一步的张拉后，仍可保持原有张紧的状态，固定后可以直接将上部结构的上拔荷载传递到桩（1）。

实施例 2：参见附图 2－2

桩头侧面上下一设定高度范围设置箍（10），或者在桩（1）的周边设置辅助桩（10），箍或辅助桩（10）与桩（1）之间放置减震装置、位移调节装置，根据需要填充材质不同的碎石、毛砂、粉煤灰、橡胶、泡沫塑料等材料及其组合或者预留净空，箍（10）与桩（1）为一桩（1）一箍（10）、多桩（1）一箍（10）、一桩（1）多箍（10）、多桩（1）多箍（10）等四种形式中的一种。箍的作用很多，在本发明的方法中配合使用箍主要是考虑箍能够分担桩的荷载，箍能够对伸出桩外的构件（2）及其套筒起到一定的保护作用，箍还增大了地下水渗流的距离，减小了由于承台（基础底板）上开孔洞所带来止水、防渗的压力，另外箍或辅助桩的位置也接近于用于张拉或压缩的机具设备的支撑锚固点，从而将承载力通过箍或辅助桩传递到下部土层。

实施例 3：参见附图 2－3、附图 2－4

箍或辅助桩（10）内设置孔洞（4）以使得伸出桩外的构件（2）穿过，或者将接近于水平地伸出桩外的构件（2）直接与箍或辅助桩（10）进行固定。伸出桩外的构件（2）接近于水平地直接固定在箍或辅助桩（10）上，与接近于垂直地直接固定在承台（基础底板）上，效果有很大的不同。在没有孔洞（4）的情况下，如果伸出桩外的构件断面、强度都比较大，并且是接近于垂直地直接固定在承台（基础底板）上，那就应当视为桩顶本身，或者是减震装置、位移调节装置；如果伸出桩外的构件为细长的钢筋、钢绞线，并且是接近于垂直地直接固定在承台（基础底板）上，桩要发挥抗拔作用，必须首先补偿受到上部荷载作用后桩向上的"刺入"量，抗拔的效果不好。当如果伸出桩外的构件（2）接近于水平地直接固定在箍或辅助桩（10）上时，不仅可以协调桩与箍或辅助桩受到上部荷载作用后各自的沉降量，也可以协调桩与箍或辅助桩受到水平荷载作用后的变形，同时，接近于水平地伸出桩外的构件（2）自身的变形量很小，可以直接将上部结构的上拔荷载传递到桩（1），因此直接与箍或辅助桩进行固定即可。

3. 权利要求书文本

（1）一种改变桩受力状态的方法，其特征在于：桩与基础底板不直接接触，桩身外侧设置与桩相连接的伸出桩外的构件，在基础底板中设置贯穿的孔洞，伸出桩外的构件穿过孔洞进行固定，或者经过设定的张拉或压缩操作程序后固定，通过伸出桩外的构件向桩传递荷载，以使得荷载的传递路径、桩的受力状态发生改变。

（2）按照权利要求 1 所述的改变桩受力状态的方法，其特征在于：用于张拉或压缩的机具设备的支撑锚固点不设置在桩的正上方，通过对伸出桩外构件的张拉或压缩，将桩承受的荷载分担到周边，或者将周边的荷载集中到桩，从而影响桩周围区域的沉降。

（3）按照权利要求 1 所述的改变桩受力状态的方法，其特征在于：伸出桩外的构件由弹性模量较高的钢筋、钢绞线、高强纤维材料制作，或者是弹性模量较低的橡胶材料制作，对伸出桩外的构件进行防腐处理，以满足耐久性要求，对伸出桩外的构件加套筒、端部设置锚具，以满足张拉、压缩工艺要求。

（4）按照权利要求 1 所述的改变桩受力状态的方法，其特征在于：在伸出桩外的构件上加工螺纹，以垫片、螺母固定该构件，拧动螺母实现张拉或压缩，适用于当伸出桩外的构件横断面为圆形时的张拉、压缩工艺。

（5）按照权利要求 1 所述的改变桩受力状态的方法，其特征在于：伸出桩外的构件固定前将基础底板中设置的孔洞用不易凝固、缓凝防水的油脂或树脂材料临时填充止水，彻底固定后将孔洞用加膨胀剂、沥青的混凝土、油脂或树脂材料进行封闭。

（6）按照权利要求 1 所述的改变桩受力状态的方法，其特征在于：局部改变桩头、桩身横截面，以调整孔洞和伸出桩外构件的方位，满足连接固定的需要。

（7）按照权利要求 1 所述的改变桩受力状态的方法，其特征在于：桩头侧面上下一设定高度范围设置箍，或者在桩的周边设置辅助桩，箍与桩为一桩一箍、多桩一箍、一桩多箍、多桩多箍四种形式中的一种。

（8）按照权利要求 7 所述的箍或辅助桩，其特征在于：箍或辅助桩内设置孔洞以使得伸出桩外的构件穿过，或者将接近于水平地伸出桩外的构件直接与箍或辅助桩进行固定。

（9）按照权利要求 1 所述的改变桩受力状态的方法，其特征在于：伸出桩外的构件与地源热泵系统的热交换器、传导体相连接，或者地源热泵系统的热交换器、传导体与伸出桩外的构件共用在基础底板中设置的孔洞。

附录 3　曾发表的主要论文及科研情况

发表论文情况：

1. Ge Xinsheng, Zhai Xiaoli, Xue Jiangwei. Model test research of pile body modulus on the long-short-pile composite foundatio ［J］ Advanced Materials Research, 2011 (243—249): 2300—2303.

2. Ge Xinsheng, Xue Jiangwei, Zhai Xiaoli. Model test research of cushion thickness on the long-short piles composite foundation. Advanced Materials Research ［J］. 2011. (168—170): 2352—2358.

3. Xue Jiangwei, Cai Jingluo, Yang Yong, Ge Xinsheng. Variable Rigidity Pile (Pile Partner) deal with unconfined direct and indirect footing (foundation) ［C］. Advances in Civil Engineering Ⅱ. Applied Mechanics and Materials, 2013 (256—259): 39—42.

4. Xue Jiangwei, Yang Yong, Zhao Yi, Ge Xinsheng. Three-dimensional analysis of the partner of laterally loaded variable rigidity pile (pile partner) ［C］. Advances in Civil Engineering Ⅱ. Applied Mechanics and Materials, 2013 (256—259): 320—332.

5. Xue Jiangwei, Song, Ning, Yang, Yong, Ge Xinsheng. Finite element analysis of the pile-cap of laterally loaded variable rigidity pile (pile partner) ［C］. Advances in Civil Engineering Ⅱ. Applied Mechanics and Materials, 2013 (256—259): 450—453.

6. 薛江炜，葛忻声，杨勇，蔡景珞. 水平静力荷载作用下桩伴侣工作性状有限元模拟以及与无伴侣构造形式的比较分析 ［J］. 岩石力学与工程学报，2013 (S2).

7. 薛江炜，葛忻声，蔡景珞，杨勇. 桩伴侣与基桩抗震的概念设计［J］. 工程抗震与加固改造，2013（4）.

参与的科研项目：

（1）中国国家自然基金（No. 50678110）；

（2）山西省自然基金（No. 2007011069）。

后　记

笔者自创了"direct footing"（直译为"直接基础"）、"indirect footing"（直译为"间接基础"）两个名词，显然两者之间还有"Semi-direct footing"（这个词用英文表达比较容易理解，反而不知如何翻译为中文了），将建筑工程领域所有的地基基础囊括其中。从传力角度定义地基基础，并不是因为这个定义比其他定义更"正确"，而是因为其提供了一个新的理论视角，可以把变刚度桩（桩伴侣）纳入各类基桩问题研究的核心。

一座大厦理论所能达到的高度，往往在其安放最初一块奠基石时，就已经决定了，岩土工程今天所遇到的瓶颈，很大程度上，是源自于对地基承载力本质认识的不足。本书以较为严谨的解析推导和论证证实：各种承载力理论得到的所谓"地基承载力"，只是"等效偏心法"的一个特例。同样，理论自身并不能证明自己比其他理论更"科学"。根据不同的"等效偏心"来"评价不同的承载力"，取代"单一固定的承载力"，可以为土塑形力学、变形、沉降的研究创造宽松的工程环境。因此，正如以已故沈珠江院士为代表的新老具有"反叛"意识岩土专家所倡议的：不要在勘察报告中再提地基承载力了，因为不存在一个固定僵化的"地基承载力"，勘察报告的任务是精确描述场地的岩土参数，而且最好是原位的试验参数，一个较为保守的地基承载力往往掩盖了报告的粗糙甚至是数据造假。

岩土工程博大精深，理论上面对的是地球上最为混杂的散体材料，实践上面对的是投入巨大的基本建设和固定资产投资，因此，客观上要求岩土工程应当也必须偏于保守，然而，保守并不必然带来保险和安全，因为，在某一方面的过分保守却可能在另一方面埋下隐患。在建筑工程领域，岩土工程往往不是单独存在，而是服务于上部的建筑结构，建筑、结构、岩土三者之间必须相互妥协才能获得最优的技术经济平衡，桩伴侣的研究目标是使地基造价降低一半而且更安全，省下的钱加强上部使结构更抗震、建筑更长寿，更好地实现有限资源的最优配置，这也是一位土木工程师的职业理想。

感谢培养和影响了我 23 年的母校——人称"山西小清华"的太原理工大学，曾为同窗的硕士导师马克生老师，亦师亦友的博士导师葛忻声老师，实质性参与桩伴侣研究的杨勇、饶江勇、张黎明、杨涛宇、蔡景珞等学友，关心、指导和批评桩伴侣的学校老师、工程技术人员和行业专家们，感谢整个太原市住建系统及相关部门的新老同事，城改、城建、扶贫工作中的新老朋友，互联网时代自然少不了要感谢知名的和匿名的网友们。

感谢本书所有引用参考文献的作者，每当读到前辈们严谨睿智的文章，就如同在面对面地交流，在恳谈、在倾听，能够感受到彼此的呼吸声。

感谢家人！最想和你们在一起。

献给刚刚离去的爷爷，祝福奶奶长命百岁！

薛江炜
2013 年 6 月于龙城太原